初学者のための
都市工学入門
高見沢 実 著

鹿島出版会

はじめに

　建築の領域における都市工学という分野は、少し他とは違った位置にあります。構造であれ設計であれ、建築一つ一つを扱うのが他の分野だとすると、都市工学は、建築が2つ以上連なる場合に必要になります。もっというと、建築1棟でも、都市のなかに建てる以上、高さやボリュームなどのルールを守らなければなりません。つまり、建築を都市のなかに置いたとたんに、それは都市工学の対象となるということができます。

　一方、都市工学の範囲は、街区、地区、都市、都市圏とあてどもなく広がり、国土空間から地球環境まで相手にしている、といっても過言ではありません。

　さらに重要なことは、都市工学が、単なる工学技術ではなく、経済や社会の様々な要素と強く関わっている点です。対象が大きくなればなるほど関係者は膨れあがり、具体的に都市づくりを行うためには、皆で共通の目標をもつなど、それ相応の方法が必要です。

　本書では、都市工学の学習を始める初学者のために、これまで蓄積されてきた都市工学の基本をわかりやすく解説しながら、今日的な課題にも応えられる都市工学の教科書づくりをめざしました。従来の教科書とは異なり、網羅的に必須事項を解説するのではなく、ポイントを絞りながら、読み物としても十分理解が得られる内容としています。最初から通しで読むのがベストですが、各章は独立しているので、どこから読み始めてもかまいません。

　ひとりでも多くの人たちに本書が使われ、都市工学に興味をもっていただければと願ってやみません。

筆者記す

目 次

はじめに

第1章 都市の作られ方——都市の発生から近代都市計画まで …………………7
 1. 都市の発生 9
 2. 古代ギリシャと古代ローマの都市 10
 3. 城壁都市と城下町 14
 4. 植民都市とバロック都市 17
 5. 資本主義社会と近代都市計画 19

第2章 都市の読み方——5人の先人たちに学ぶ ……………………………25
 1. 社会運動的都市工学——エベネザー・ハワード 27
 2. 機械論的都市工学——ル・コルビュジェ 33
 3. 生態的都市工学——パトリック・ゲデス 38
 4. 認知論的都市工学——ケヴィン・リンチ 43
 5. 複雑系と都市工学——クリストファー・アレグザンダー 47
 6. 今日の都市をどうやって読むか 54

第3章 都市を方向づける——公共の仕事としての都市工学 …………………57
 1. 都市の拡大を制御する都市工学 59
 2. 都市の再編を促す都市工学 75
 3. 防災・復興の都市工学 87
 4. 歴史環境を育む都市工学 95
 5. 自然と共生する都市工学 105
 6. 行政の役割について 111

第4章　都市に住まう──生活のための都市工学 …………115
　1.　密度と用途：その場所の使われ方　117
　2.　道路と建物：人・物の動きと都市の見え方　127
　3.　コミュニティの空間構成　138
　4.　都市空間の基本的性能　143
　5.　都市空間の性能と現代　150
　6.　より住み良い都市のために　164

第5章　都市をともに創り出す──市民が創る都市とまち …………167
　1.　ともに創る都市工学へ　169
　2.　郊外住宅地の居住地管理　171
　3.　既成市街地の改善型まちづくり　182
　4.　都市計画マスタープランと市民参加　190
　5.　成熟社会のまちづくり：これからの条件整備　199

都市工学Q&A ……………205

図表出典 ……………207

索引 ……………209

第1章　都市の作られ方
――都市の発生から近代都市計画まで――

「都市」というと、あなたはどのような都市を想像しますか。東京やニューヨークのような現代の巨大都市でしょうか。ローマやフィレンツェなどのクラシックな都市でしょうか。

では、その都市がどのように作られたか、都市の作り方にはどのような方法があるか、世界で一番古い都市ってどこにあったのか、などと想像してみて下さい。知っていることもあれば、知らないこともたくさんあるのではないでしょうか。

この章では、こうした疑問に答えるために、古今東西の都市を見渡し、都市の作られ方について一通りの知識を得ることにしましょう。歴史は苦手という人も、このような視点で世界をながめると、結構興味が湧いてくるはずです。また、歴史に学ぶということは、これから都市工学を考えていくにあたって、たいへん貴重な教訓や知識を得ることにもなるはずです。

1. 都市の発生

　都市という形が発生したのは、紀元前3000年頃の古代メソポタミアといわれています。現在のイラクにあたるこの地には、あの有名なチグリス、ユーフラテス川が流れており、その流域には肥沃な大地が広がっています。この大地を耕して食料を得ることで人々は定住を開始し村落を形成するわけですが、都市というのは単にこうした村落が大きくなったものではありません。

　都市が村落と決定的に違うのは、余剰生産物——日々の生活に充てる食料以外の余った品々——によって生活する人々が居住している、という点です。いわば、「年貢」に頼って生活する支配層などが、都市には生活しているのです。

　逆にいうと、この時代の都市とは——そして都市とはどの時代にも——、そうした支配層が、個々の村落の範囲を超える大きな範囲を統治・支配するための拠点のようなものなのです。

　古代メソポタミアには、まだそれほど大きな都市はできませんでしたが、紀元前2000年頃に計画されたといわれるバビロンという都市は、城壁内が4km^{2}もある相当大きな都市でした。「目には目を、歯には歯を」で有名なハムラビ法典が編まれ、ハムラビ王が活躍した場所です。発掘調査からわかってきたこの都市の中心部は、神に仕える王や聖職者が利用していたと推定されています。

　こうした古代メソポタミアの都市文化はその後、エジプト、インド、中国へと伝わっていきました。ただし、当時の都市がどのようなものであったかを知るには考古学的な成果を待たねばならず、まだはっきりしたことはわかっていません。たとえばエジプトではナイル河のた

び重なる洪水により、手がかりがなくなっています。古代インダス文明の都市であるモヘンジョダロやハラッパはバビロンと同じくらい古い時期に栄えたといわれていて、整然とした碁盤目の街路やその中央を走る排水溝で知られています。しかし、メソポタミアの都市に見られるような神や王の支配にまつわる施設がなく、どのようにこの都市が運営されていたのかは謎に包まれたままです。

2. 古代ギリシャと古代ローマの都市

　古代メソポタミアの都市は、一応都市といえるものでしたが、まだまだ素朴なものでした。今日、都市工学を学習しようとするあなたが、「これは都市だ」と納得できるものは、たぶん古代ギリシャや古代ローマの都市ではないかと思います。これらの都市の面影を現代のギリシャやローマに見ることができる点もその理由かもしれません。

　さて、その古代ギリシャと古代ローマの都市ですが、両者はそれぞれユニークな特徴をもっていました。

古代ギリシャ都市

　古代ギリシャ都市の人口規模はせいぜい数万人くらいでした。それ以上大きくなると別の都市を作ることにより、1つの都市があまり大きくならないように工夫していました。ギリシャの地形が山がちなため、物理的にあまり大きくできなかったことも理由の1つです。また、哲学者ソクラテスによれば、都市の運営を民主的に行うためには全員が直接参加して話し合うことが必要で、それには都市があまり大きくならないことが必要とされました。しかし逆に、他の都市と戦うため

には強力な軍隊が必要なので、それにはある程度の規模が必要です。そんなことから、ほどほどの大きさの都市がたくさん形成されたのが古代ギリシャ世界でした。

図1-1は、古代アテネの空間構成を表したものです。都市の中心部には人々が集まる「アゴラ（広場）」があり、すぐ近くの小高い丘の上にはパルテノン神殿で有名な「アクロポリス」があります。人々は図中の細かな点々で示された部分に生活していました。

図1-1　古代アテネの空間構成（左）とアクロポリス（右）

古代ローマ

一方の古代ローマはどうでしょうか。「すべての道はローマに通じる」という諺がありますが、この諺は古代ローマの特徴をよく示しています。ローマに道が通じているというのには何か理由があったはずですが、何だと思いますか。実は、当時のローマにはすべての機能が集中していて、世界で初めて人口100万人を超えたのもこの古代ローマでした。

今、「世界」という言葉を使いましたが、当時のローマの影響力はたいへんなものでした。フランスのパリも、イギリスのロンドンも、

オーストリアのウィーンも、その他多くのヨーロッパ諸都市は、古代ローマ時代にローマから派遣された人々が道路を通し、橋をかけ、水道を引いて基礎を作った都市なのです。古代ローマの影響力はヨーロッパ世界だけにとどまりません。古代ローマの末期には「東ローマ帝国」が分裂してできますが、その首都はビザンティウム（コンスタンチノープル、現在はトルコのイスタンブール）に置かれています。

　では、そんなに大きな影響力をもったローマの都市自体はどのようなものだったのでしょうか。最盛時には面積20km²、人口125万人に達したといわれる古代ローマには、現代都市がもつ特徴のほとんどがすでにあり、都市問題の多くも表れていました（図1-2）。

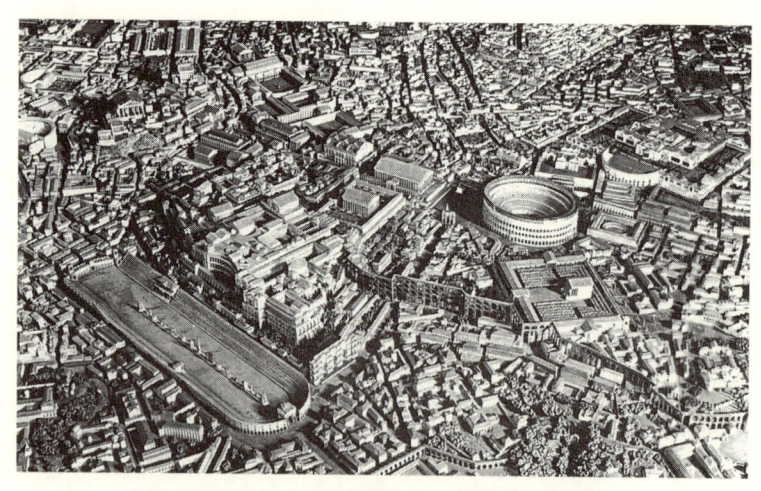

図1-2　古代ローマ中心部（遺跡をもとに作られた復元模型）

　例えば住宅問題です。当時すでに、住宅は民間事業者による金儲けの対象となっていて、家賃はかなりの高額でした。特に「インスラ」と呼ばれる集合住宅（図1-2の公共建造物以外の建物の多く）はたい

へんな高密度で作られ、道路も狭く、くねくねと曲がり、劣悪な住環境となっていました。場所によっては2階、3階……と上に行くにつれて建物が道路にせり出したりしていました。こんな状態ですから、火災が起こるとひとたまりもありません。紀元64年7月19日の大火ではローマ14区のうち10区に被害があり、特に中心部の3区は壊滅状態となりました。

> 100万の人口を抱えるローマは、至るところに四階建て、五階建ての集合住宅を建てなければならなかった。ティベリウスやクラウディウスがテヴェレ川の河岸両側に境界線を設け、建物の建設を厳しく禁じなければならないほど、空き地は、建物でうめつくされていたのである。したがって、大火で家を失った罹災者のため、できるかぎりすみやかに住宅を建設し、都市を復旧させなければならなかったが、同時に、再び大火が起こらないように、大火の教訓を十分に取り入れた綿密な復興計画を策定することが必要だった。
>
> （青柳正規『皇帝たちの都ローマ』p.239）

それがネロによる新都市計画です。今の時代にも共通する都市工学の課題——例えば阪神・淡路大震災後の復興計画——があったことに驚かされます。

小規模都市を分化させながら作っていく古代ギリシャ都市と、世界を制覇した巨大都市ローマ。2つの典型的な都市の姿です。

しかし、今日の都市と決定的に違う点が両者に共通してあります。それは、どちらも「平民」と呼ばれる自由人のほかに、都市を陰で支える奴隷階級の人々がいたことです。例えばローマの人口125万人のうち35万人、アテネの人口30万人のうち11.5万人は奴隷だったといわれています。

なお、アジアでもこの時代に巨大都市が出現しています。中国の長安です。日本を含む近隣諸国に大きな影響を与えたこの都は面積80km²にも達し、人口も最盛期には100万人を超えていました。

3. 城壁都市と城下町

100万人の隆盛を誇ったローマもビザンティウムに首都が移り、帝国が滅亡すると衰退します。以後、中世ヨーロッパには大きな都市は出現していません。せいぜい10万人から15万人程度の人口、数km²程度の面積にとどまっていました。例えば、人口が最も大きかったといわれるミラノやパリで20万人、ヴェネツィアが15万人、フィレンツェが10万人といったところでした。これは、中世の都市が職人や商人が主役となる自由都市だったことにもよります。ただし、外敵に備える

図I-3 ヨーロッパ中世の城壁都市（フェラーラ）と中世シエナの道

ために城壁をめぐらせていた点は以前と同じです(図1-3)。ルネッサンス期には理想都市の研究が進みますが、その際も防衛のために強固な城壁をめぐらせることが普通でした(図1-4)。

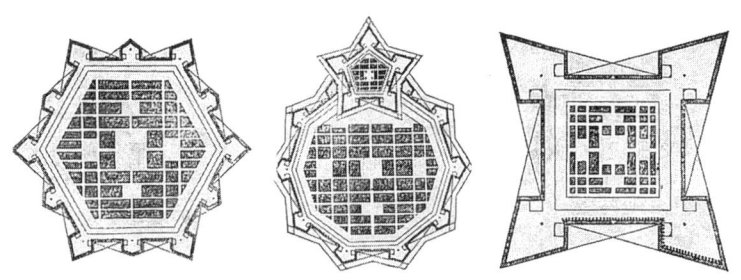

図1-4　ルネッサンス期に描かれた「理想都市」の例

　城壁に囲まれた中世都市の内部はたいへん密度が高く、建物も上へ上へと高くなっていきます。空地があればどんどん建物で埋まっていきます。そして一定の限度を超えると外側に新たな城壁がつくられ、また同じことを繰り返していきます。たとえばフィレンツェでは、最初人口1000人くらいのときにつくった第一の城壁を5000人に達したときに第二の城壁につくりかえ、11世紀に第三の、12世紀に第四の、13世紀には第五の城壁をつくっています。都市が大きくなるたびに繰り返されるこうした対応が、後に近代都市計画として体系化されていったとみることも可能です。

　日本ではこの頃、城下町が発達します。西欧の都市と異なるのは、城内にはその地域の支配層である大名などが暮らす一方、町人の暮らす城下には堀割や木戸があるくらいで、むしろ外敵に対しては寺社を城下縁辺の枢要地に配し、そこを防衛の拠点にするのが一般的でした。幕末期の江戸を見ると、北の入口の浅草や谷中、南の入口の芝・高輪

図1-5　日本の城下町（幕末期の江戸）

などに寺社が集中していて、その姿は今日の東京にも引きつがれています（図1-5）。

　また、日本の城下町は基本的に、「藩」が単位となる地方分権制度でできていたので、人口100万人を超えた江戸を除けば、あまり大きなものはありません。たとえば、江戸に次ぐ大坂（大阪）や京都の人口はせいぜい40万人程度、名古屋や金沢が10万人程度、仙台、熊本、広島が数万人といったところでした。とはいえ、今日の日本の都市の6割くらいは昔の城下町であるといわれているので、この頃の都市づくりが大きな意味をもっていることは確かです。

4. 植民都市とバロック都市

　時代が進むと次第に地球規模での開発が進み、それぞれの地域の中心地には大小の都市が形成されていきますが、もう一つのタイプの都市として、植民都市があげられます。古くは古代ギリシャ時代に地中海沿岸にできたミレトスなどが有名ですが、なんといっても17世紀以降、フランス人やイギリス人によって「設計」された北アメリカ諸都市が有名です。

　ランファンによるワシントン計画や、19世紀初期のニューヨーク・マンハッタン計画など、次々と「新都市」が設計され、人々が移り住んでいきました。オーストラリアのキャンベラもそうした都市の1つです。これらの新都市はヨーロッパ型の城壁をめぐらせる方式ではな

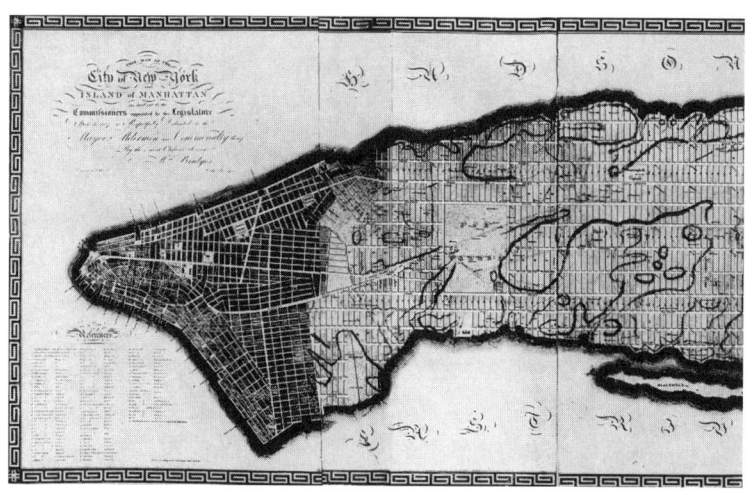

図I-6　マンハッタンのマスタープラン（一部）

く、単純な格子状の道路パターンを基本として、都市が大きくなれば同じようなパターンをどんどん外側に拡大することが可能でした。

図1-6は、マンハッタン（ニューヨーク）のマスタープランです。図の中央に広い公園がありますが、その後プランが変更されたので実現していません。実際に採用されたマスタープランではさらに大規模な公園が計画され、それが現在のセントラルパークとなっています。

一方、一度できた都市も時代が経過すると使いづらくなります。典型的なのは交通量の増大や交通手段の変化による交通混雑です。

中世に形成された、曲がりくねった路地沿いに高密度の建物が連なるヨーロッパ都市は、城壁内の限られた土地にたくさんの人が住もう

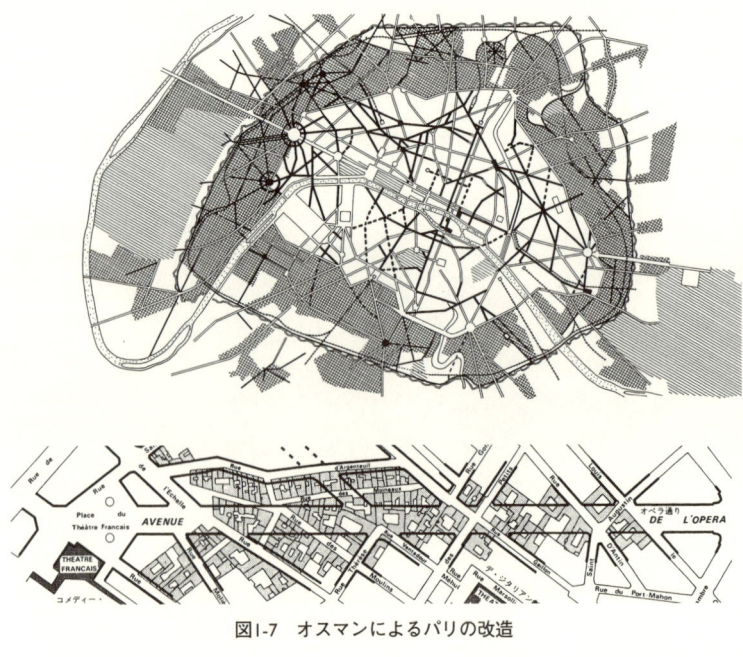

図1-7　オスマンによるパリの改造

とした結果形成されたものです。こうした古い体質の都市を、新しい時代に適合させるために作られたのがバロック都市です。なかでも、19世紀中頃にナポレオン3世のもとで実施されたオスマンによるパリの大改造が有名です。城壁を取り払って大通りとし、直線的で広幅員の道路をいくつかの焦点に向かってデザインしたこの計画によって、多くの建物が取り壊され、都市そのものが装いを新たにしました（図1-7）。

5. 資本主義社会と近代都市計画

　今まで見てきた都市は、神や王、専制君主や領主などのように、絶対的な力と資金をもつ誰かによって建設が決定され、実行されていったものです。植民都市は少し性格が違うかもしれませんが、これも、インディアンなどの原住民がいた土地を買収するなどして設計・建設したという意味で、同列に扱っておきます。

　けれども、現代に生きる地球上の都市のほとんどは、こうした諸都市とは大きく異なる性格、つまり、多くの個人や企業がそれぞれの土地を財産として所有したり利用するという性格をもっています。

　そうした時代の曲がり角になったのが「産業革命」でした。

産業革命後の都市の特徴

　イギリスで18世紀頃に始まったとされる産業革命によって、都市には工場が集中し、工場は全国から労働者を呼び込んで、都市はどんどん大きくなっていきます。ロンドンでは19世紀初頭の人口はせいぜい100万人程度でしたが、1841年に195万人、1887年に420万人、1901年

には650万人と巨大化し、人類史上最大の都市へと膨張していきます。そこには、それ以前の時代と異なるいくつかの要因がありました。

　まずは、資本主義という経済システムへの転換です。都市を計画する主体も、この時期には行政体という形を整えながら存在していたのですが、土地を買ったり、そこに工場を建てて生産し金儲けをすることは基本的に自由ですから、いくら立派な計画をつくっても、どんどん工場は建ち人は増えます。もちろん工場の吐き出す煙や汚水が人体に良い影響を与えるはずはなく、多くの都市問題が発生します。しかし、たとえ死者が出ても、かわりの人はいくらでもいますから、工場主は儲からなくなるまで生産を続け、さらに大きな工場を建てていきます。都市に集まった労働者の住宅は劣悪な状態でした（図1-8）。

図1-8　鉄道橋の下のロンドンの貧民街

　第二は、新しい技術に支えられた交通システムや近代ビルです。鉄道や自動車の登場によって、それまでの徒歩や馬車などとは比較にな

らないほど大量の交通を迅速にさばくことができるようになりました。鉄やコンクリートの発明によって高いビルが容易に建てられ、いくらでも高密度に空間を利用することが可能になったのです。

近代都市計画とは

　しかし、これらの現象はいまだ資本主義時代の都市の特徴を説明したにすぎません。「近代都市計画」という、今日に通じる都市計画の方法が生み出されてきた過程をもう少し詳しく見てみましょう。

　先ほど、たとえ死者が出てもかわりの人がいる、と少し冷たいことを書きましたが、実は、建物が密集し工場や商店や住宅の混在する都市にとって、伝染病が致命的な問題となりました。

　特に19世紀中頃のコレラの大流行は、水道水を介して都市住民を襲い、多数の死者を出したのです。これは工場に勤める労働者ばかりでなく、当時急速に台頭しつつあったサラリーマンなどの中産階級にとっても放置できない大問題となり、近代的な水道システム、衛生的な居住環境への要求が高まったのです。資本主義経済にありながら、「計画」を行うことの正当性がここで1つ確保されたことになります。以後、道路幅員や建物の密度、建物を建てるときの道路からの後退距離や庭のとり方などを、こうした理由を根拠にコントロールすることが一般化していきました。

　一方、都市への人口集中は必然的に郊外への市街地拡大の圧力となります。古くから何らかの形でこうした郊外地への拡大はなされてきましたが、近代都市計画の特徴は、それをより計画的に行う点にあります。この場合重要なのは、先にあげた計画の主眼が、衛生上や健康上の理由から最低限の基準を作り、それを一律に適用しようとしていたことに対して、今度は、望ましいデザインや計画に従って、そこに住む人々が快適に生活できるような市街地を実現することに重点が置

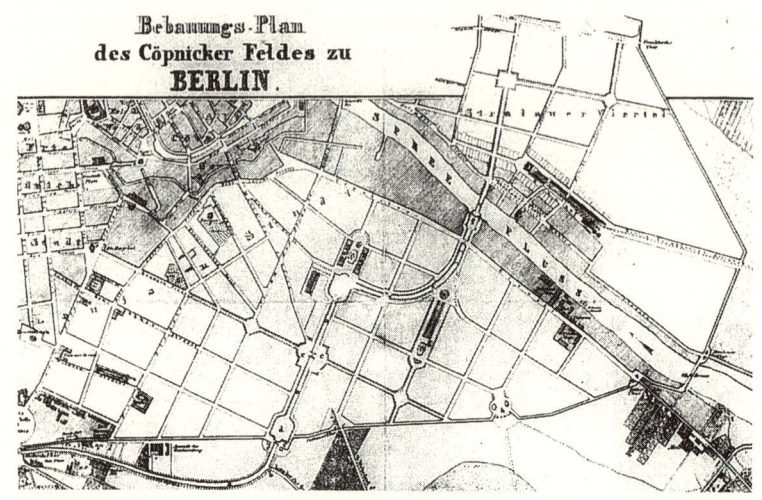

図1-9 ベルリンの拡大

かれた点にあります（図1-9）。

　このように、新しく始まった近代都市計画の特徴とは、技術革新や資本主義経済化に促されて都市に人口が集中し都市問題が発生するなかで、衛生上の観点から市場に介入して最低限の基盤整備や建築コントロールを行うとともに、計画的な郊外地形成を行うことでそうした環境を必要とする人々のニーズに応えようとしたこと、と整理できます。「何でもあり」から「ルールや計画に従う」世界への変化です。

　ずいぶん現代的なところまできました。ちょうど、20世紀初頭頃までの流れを見てきたことになります。これで、都市の作られ方に関するいろいろな背景や方法が理解できたと思います。

　ただし、具体的な話に入る前に、もう一つ重要なことを勉強しておいて下さい。都市を工学するためには、やはり、都市をどのように読

んだらよいのか、都市をどのようなものと捉え、どのように働きかけたらよいのかを知っておく必要があります。そんな知恵を、20世紀の偉大な先人たちに学ぶのが次の章です。

──────────────＜演習問題＞──────────────

- 以下の図書を読んでみましょう。図版をながめるだけでも楽しいはずです。

  レオナルド・ベネーヴォロ『図説都市の世界史』全4巻（相模書房）
- あなたになじみのある都市のルーツを探り、その後の発展の歴史を調べてみましょう。

第2章　都市の読み方
　　　──5人の先人たちに学ぶ──

工学の基本は、働きかける対象や処理する相手を正確に理解したうえで、作り出したい結果に向けてそれらを加工したり組み立てたりすることにあります。例えば、ある機械を作りたい場合、機械全体の設計を行うとともに、機械を構成するパイプや歯車のような部品をしっかり作ることや、全体がうまく動くための制御方法を事前に考えておく必要があります。また、材料の特性を見極めながら部品や制御システムを構築することにより、一定のコストで機械の性能を高めていくことも必要です。

都市を工学する場合も、基本的には類似の作業が必要になります。しかし、都市には多くの人々が暮らし、工場やオフィスなどが無数にあり、機械の場合と違ってたいへん複雑です。また、鉄や歯車と異なり、人間にはそれぞれの価値観や考えがあって、動きを予測するのが困難です。

とはいえ、都市を読む手がかりが全くないわけではありません。主に20世紀の間には、様々な見方や考え方に基づいて多くの都市が提案され、実際に実現されてきました。

そこでこの章では、5人の偉大な思想家・実践家に登場してもらい、今日、都市を工学するうえで大いに手がかりになるであろう都市の読み方、都市への働きかけ方を学んでいこうと思います。

1. 社会運動的都市工学——
エベネザー・ハワード（1850-1928）

　「理想都市」という言葉があります。古くはルネッサンス時代に提案され、18世紀以降、思想家や社会運動家によって諸々の理想都市が提案されました。これらの多くは提案止まりでしたが、19世紀になると、主として工場主の手により、その労働者のための工場村などが「理想都市」の実例として作られていきます。ここでは、それら個々の提案や実例を取り上げるのではなく、そうした試みに共通する利点をコンセプトのレベルにまで高め、実際にそれにもとづく都市を実現し、その後の世界に大きな影響を与えたイギリス人、エベネザー・ハワードの「田園都市」を取り上げてみます。ハワードの都市の読み方、作り方は、社会運動的なものでした。

田園都市登場の背景

ハワードは1850年にロンドンに生まれそこで育ちますが、彼は都市計画家でも建築家でもなく、裁判所や国会の記録係を長年務めていました。ではなぜ、ハワードが都市計画に興味をもったのでしょうか。

19世紀末のロンドンの人口は600万人を超え、まさに都市問題の先進地域となっていました。発明家でもあったハワードは、なんとかして人々を過密な大都市から救い出せないかと考えたのです。しかし一方、田園には新鮮な空気はあるものの職場や商店街はなく、生活しやすいとは必ずしもいえません。そこでハワードは、田園と都市双方の良い点だけを取り出し、悪い点を克服するような「田園都市」を提案しました（図2-1）。1898年のことです。

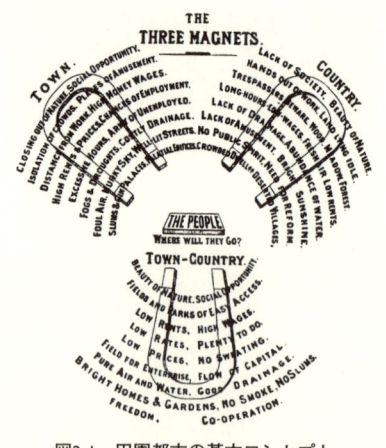

図2-1 田園都市の基本コンセプト

田園都市の構成

この田園都市は、人口3万2000人とされています。面積は6000エーカー（2400ha）で、1000エーカーの都心部に3万人が暮らし、周囲の

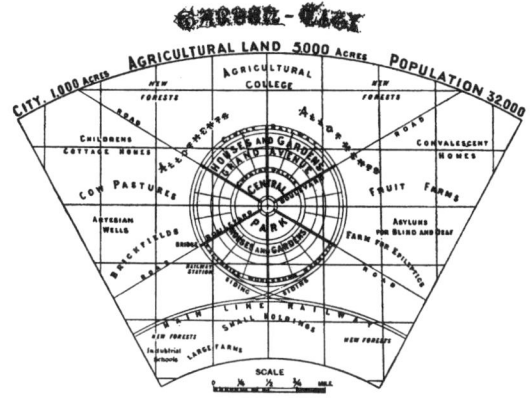

図2-2 田園都市のダイヤグラム

農村部5000エーカーに残りの2000人が暮らすという設定です(図2-2)。

この田園都市は、人口5万8000人の中心都市の周囲を取り囲むように6つが配置され、中心都市と6つの田園都市を合わせた人口規模は25万人(5万8000+6×3万2000)と設定されています。中心都市から田園都市、田園都市間は鉄道で結ばれ、1都市あたりの人口をほどほどに抑えながら便利さも失わない工夫がされています。

人口3万2000人の田園都市の中心部には庭園や公共施設、商店街などがあって都市的生活を楽しむことができ、それらの周囲に住宅が、さらにその周囲には工場が分離して配置され、職住近接の良さを味わうこともできます。町の中心からはずれまでは約1km、歩いても15分ほどの距離です(図2-3)。

このように、ハワードの田園都市の提案には、当時の都市問題を解決するのと同時に、都市の良さを生かしながら田園のなかで生活するための様々な要素が盛り込まれています。

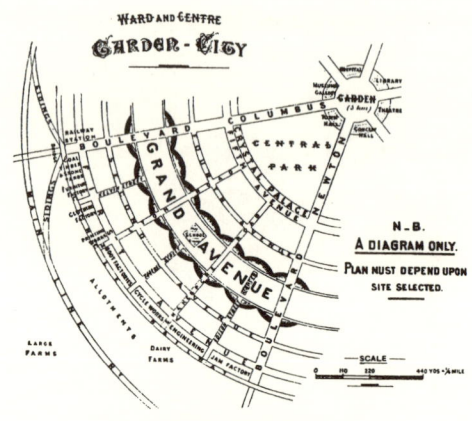

図2-3　田園都市中心部の構成

田園都市の経営

しかし、ハワードの都市計画のおもしろさは、こうした物的な土地利用計画の面もさることながら、むしろ「社会運動的」な面にあるのです。そうした観点から、さらにその特徴を見ていきましょう。

まずハワードは、田園都市実現のための資金計画と運営方法について詳細に検討していました。都市の経営です。具体的にいうと、ハワードは民間会社を設立して都市経営を行うことを提案していました。

まず、初動資金として株主から資金を集めます。それを使って土地を購入し、造成したあと、それらを貸し付けていきます。土地を売却すれば一度に大きな収入が得られますが、その反面、一旦売却した土地は制御することが難しくなってしまいます。これに対して、土地貸し付けの場合には、最初の地代収入はあまり多くはありませんが、都市が発展するにつれて地代も上がり、長期的には経営が成り立つとの考え方です。

個々の住宅は、それを手に入れようとする者が資金を借り入れて

(現代風にいえば住宅ローンを借りて)徐々に返済していくことが想定されています。土地は借地ですから、住宅の購入価格はその分、安くなるはずです。

田園都市の実現

しかし、こうした机上の計算で終わっていたなら、ハワードの影響力はさほど大きくなかったでしょう。ハワードは、実際に「田園都市」を建設してみせたのです。具体的に見ていきましょう。

「田園都市」を提案した翌年の1899年、ハワードは早くも提案の実現に向けて「田園都市協会」を設立し、「田園都市」に賛同する人々の組織化にとりかかりました。なにしろ、提案自体はただの「紙っきれ」ですから、関心を高め、会員を集め、資金を調達するためにはたいへんな努力が必要です。記録によれば、ハワードは田園都市協会の活動として、1902年8月から1905年5月までの間に260回の会合や講演を行ったとされています。

ハワードのもとに有能な人々が結集し始めました。すでに1901年の春には、法廷弁護士で元自由党国会議員のラルフ・ネヴィルが新会長として活動に参加しました。また、同じ時期の新人募集により、スコットランド出身のトーマス・アダムスが常勤事務局員に採用され、卓越した弁論と執筆により協会会員の拡大に貢献しました。そして1902年には、田園都市を実際に建設する用地選定のために、「田園都市開発会社」を設立するまでに発展しました。翌1903年には、「田園都市」第1号となるレッチワースの土地を買収しています。

レッチワース田園都市はロンドンの北方約60kmにあります。この地の開発のために、「第一田園都市会社」が設立されます。都市開発のための経営は決して順調に推移したとはいえませんが、土地の貸し付けは徐々に進み、1913年には「第一田園都市会社」が最初の配当金

を支払えるまでになりました。この間、ハワード自身も1905年にレッチワースに移り住み、田園都市づくりを推進しています。

　さらに重要なもう一つの特徴を強調しておきます。それは、都市空間を実際に計画・設計した建築家の役割です。レッチワースの空間づくりを手がけたのは、当時まだ無名のレイモンド・アンウィンとベリー・パーカーでした。特にアンウィンは、19世紀後半から普及した画一的な「条例住宅」を快く思わず、中庭型協同住宅や、田園の環境にふさわしい空間構成を模索していたのです。土地買収が始まった1903年には田園都市の計画案づくりが始まり、翌1904年にアンウィンとパーカーの案が暫定的に受理されています。1906年になるとアンウィンとパーカーはレッチワースの地に建築事務所を設立し、個別建築を一つ一つ設計していきます。この2人による共同活動は1914年まで続き、パーカーはその後も1人残って1943年まで活動を続けました。レッチワースが現在でも素朴ながらも美しく輝いて見えるのは、土地の適性を踏まえた全体計画もさることながら、こうした「手作り」の建築・都市空間によるものと考えられます。

田園都市運動の波及

　このようにハワードの「田園都市」は、そのコンセプトにおいても、事業経営方式においても、空間デザインにおいても見るべきものが多く、それらはその後、いろいろな方面から解釈・応用されて、世界的な規模で波及していきました。忘れてならないのは、この偉業はハワードだけではなし得なかったことです。ハワードのアイデアと情熱、ネヴィルの政治力やアダムスの実務能力、田園都市協会に集まった資本家や指導者層の資金力と経営能力、アンウィンやパーカーの計画・デザイン能力などが結集されて、20世紀の新しい都市が創造されたのです。

この田園都市の考え方は、イギリス国内においては第二次大戦後のニュータウンづくりに発展していきました。日本の「田園調布」や「多摩田園都市」も、先駆的実業家や経営者がこうした先進事例に学び、実現にまで至った貴重な事例となっています。

2. 機械論的都市工学──
ル・コルビュジェ（1887-1965）

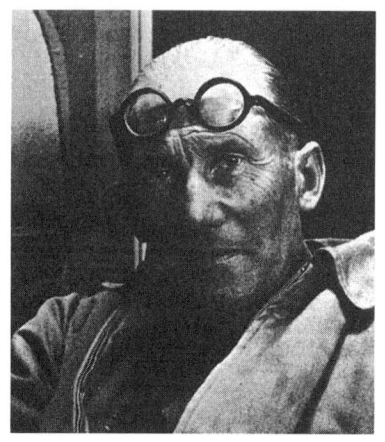

ハワードの「田園都市」が土地利用や都市経営のあり方を特徴としていたのに対して、都市空間の3次元の姿を具体的に提案したのが、スイスに生まれフランスで活躍した建築家のル・コルビュジェです。

300万人の現代都市

図2-4は、コルビュジェによって1922年に提案された「人口300万人の現代都市」です。この理想都市は、60階建ての超高層オフィスビ

ル・ホテル等によって構成される中心部（40万人）、その周囲に配置された2種類の集合住宅地区（60万人）、郊外部の田園都市（200万人）によって成り立っています。配置図とパースを見るとわかるように、2次元の平面計画も3次元の空間構成も、極めて理路整然となされています。

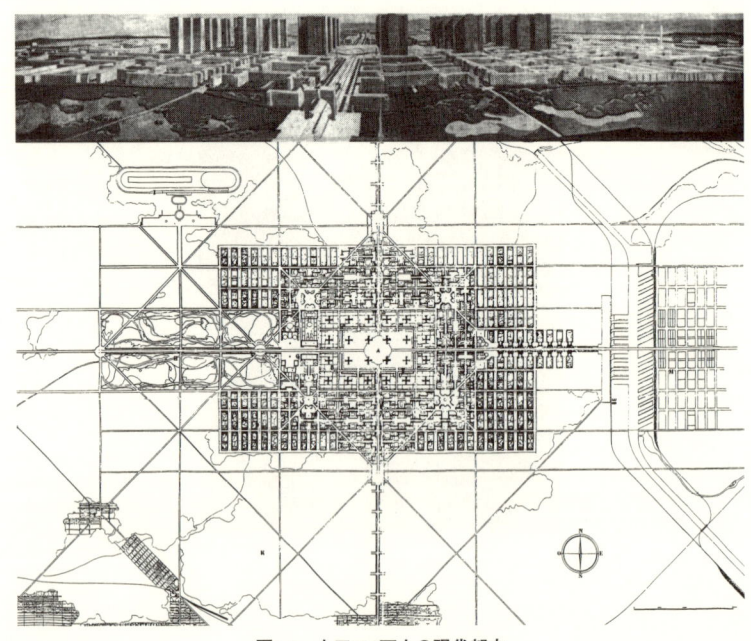

図2-4　人口300万人の現代都市

この提案は、当時の社会にセンセーションを巻き起こすほどのパワーをもっていました。

その理由は、この計画が、それまでの古い伝統や社会の価値観をすべて無視して、新たな時代を見据えた大胆な提案を行っている点にあ

ります。例えば、中心部のオフィスビル群は、それまで工業（第二次産業）によって成り立っていた都市が、将来的にはオフィス（第三次産業）中心の都市に生まれ変わるだろうとの「読み」に基づくものです。広々とした道路は自動車時代の到来を予見しています。また、形態的にも、広大なオープンスペースに象徴されるような新しい都市空間の提案を行っています。

「機械は幾何学から生まれる。現代はそれゆえ、極めて幾何学的である」とのコルビュジェの言葉が、彼の考えを端的に示しています。

アテネ憲章

コルビュジェのこうした提案はさらに、近代建築・近代都市計画運動として世界的規模で発展してゆきます。

その第一歩は、コルビュジェ自身によって1927年に定式化された建築の5つの要素、つまり、(1)ピロティ、(2)屋上テラス、(3)自由な平面、(4)建物の長さいっぱいの窓、(5)自由なファサードでした。これ自体は近代建築の原理にすぎませんが、さらに1928年になると、コルビュジェの主張を支持する各国の建築家によってCIAM（近代建築国際会議）が結成され、1933年には、現代都市のあり方に関する95箇条の「アテネ憲章」が発表されました。そこでは都市の4つの機能として「居住」「余暇」「勤労」「交通」を取り上げ、＜緑、太陽、空間＞を理想都市の目標としました。これはちょうど、先の「300万人の都市」のイメージに重ね合わすことができます。

CIAMの主張は多くの人々に支持され、各国の都市計画のなかに定着していきました。日本でも、丹下健三による「東京計画1960」などは、こうした考え方を端的に示す都市の将来像の提案といえます（図2-5）。

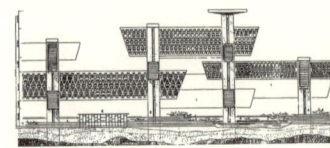

図2-5　東京計画1960

機械論的都市工学の限界

　CIAMの提案の影響力は大きかったのですが、一方でその単純さゆえの限界も否めませんでした。コルビュジェが実際に手がけたインドのチャンデイガールと、L.コスタによるブラジリアを例に考えてみましょう。

　チャンディガールは、インドのパンジャブ州の州都として1951年に建設が開始されました。インド政府は、過去の因襲を絶ち、インドの自由を象徴する政治的モニュメントの建設をめざしたのです。

　当初計画は900m×450mの「住区」を単位とし、田園都市の影響を強く受けたプランでしたが、主任建築家の事故死によってコルビュジェらが仕事を引き継ぐことになり、大幅に計画が書き換えられました。コルビュジェは1200m×800mのセクターを単位とし、7段階の交通ヒエラルキーをもつ明快で秩序だったデザインにまとめ上げたのです（図2-6）。

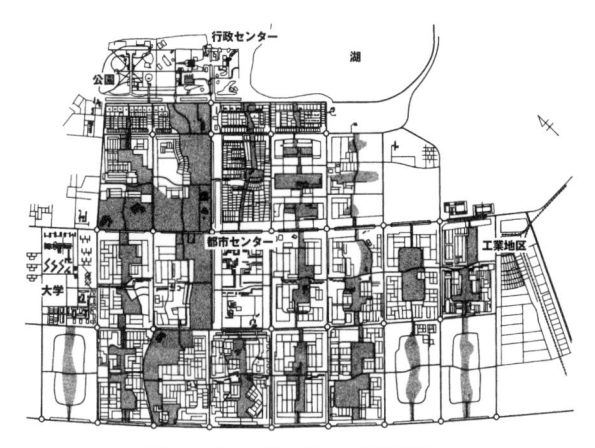

図2-6　チャンディガールの計画図

　このデザインは、図面の上では確かに明快で秩序だっているのですが、実際に生活する人間から見れば生活感は希薄であり、インドの過酷な気候風土のもとでは、巨大な空間スケールは非人間的でさえあります。また、計画の対象外だった下層住民の居住地は計画区域外に広がるなどの問題が起こりました。

　ブラジリアはどうでしょうか。ブラジル政府にとって、広大な内陸部の開発は19世紀末の建国以来の悲願でした。第二次世界大戦後、そうした地域の開発のために5000km^{2}に及ぶ「連邦地区」を当時の首都リオデジャネイロから900km離れたゴイアス高原に設定し、1954年には150km^{2}の用地が選定されます。1957年の設計競技で入選したL.コスタの案に基づいて新首都が建設され、1960年には遷都の運びとなりました。

　図2-7がブラジリアの計画図です。問題点はチャンディガールとほぼ同じなので繰り返しませんが、ブラジリアでは下層住民のために衛星都市を建設した点が異なります。しかし、彼らは長い距離を満員の

バスで通勤することになり、機能分離による弊害が指摘されています。

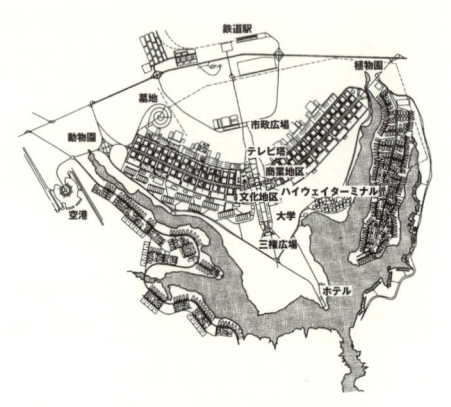

図2-7 ブラジリアの計画図

3. 生態的都市工学──
パトリック・ゲデス（1854-1932）

ハワードが人間による社会運動や都市経営に、コルビュジェが建築による空間構成に力点を置いていたのに対して、都市が立地する地域の動態や生態を重視したのがスコットランド人のパトリック・ゲデスです。ゲデスの都市の捉え方は、都市が置かれた地域それ自体が生き物のように進化する、したがって、地域をつぶさに調査してその土地柄をしっかり把握し、そのうえに立ってその地域にふさわしい都市の方向を計画・提案すべきというものです。

　今でこそあたりまえのように聞こえるかもしれませんが、実際にとなると、これがなかなか難しいのです。ハワードはロンドンの都市問題や複雑な動態から逃れるように、郊外の田園地域に新都市を提案しました。また、コルビュジェの提案は既成市街地にも適用できるのですが、実在する都市の活動や空間構成を無視して、新たに「理想的な」モデルをあてはめるものでした。いずれも都市の動態に切り込んだものとはいえません。

　では、都市の動態にどう切り込んだらいいのでしょうか。

地域調査

　ゲデスはこの問いに対して、第一に、都市が展開する「地域」に焦点を当て、社会学的・生物学的アプローチで臨みます。そして、社会の動きと空間形態は緊密に関係していると主張します。

　1つの例として、ゲデスが都市の動態の観察から見いだした「コナベーションconurbation」をあげてみましょう。都市はもともと独立した単位でしたが、それが次第に発達・拡大すると、都市同士がつながって、地域に展開する大きな都市圏を形成していきます。それが「コナベーション」という概念もしくは実態です。こうして複雑化した都市は、交通量や人々の動き、それらと自然とのかかわりなどの諸側面についてデータを集めて分析し、それに基づいて科学的に将来の計画

を定めることが必要になります。地域調査が重視されるゆえんです。

　1909年にイギリス最初の都市計画法が制定されますが、ゲデスはその際も、計画を立てる前にそれぞれの都市で調査を行うべきこと、また、集められたデータを評価するためには公開の展示会を行うことが最良の方法であると主張しました。そして調査すべき内容を具体的に示していました（図2-8）。

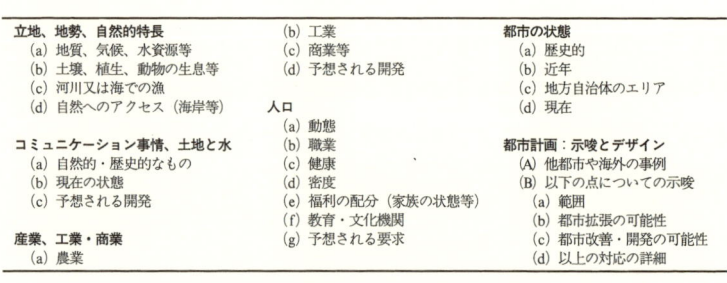

立地、地勢、自然的特長		
(a) 地質、気候、水資源等	(b) 工業	都市の状態
(b) 土壌、植生、動物の生息等	(c) 商業等	(a) 歴史的
(c) 河川又は海での漁	(d) 予想される開発	(b) 近年
(d) 自然へのアクセス（海岸等）	人口	(c) 地方自治体のエリア
	(a) 動態	(d) 現在
コミュニケーション事情、土地と水	(b) 職業	
(a) 自然的・歴史的なもの	(c) 健康	都市計画：示唆とデザイン
(b) 現在の状態	(d) 密度	(A) 他都市や海外の事例
(c) 予想される開発	(e) 福利の配分（家族の状態等）	(B) 以下の点についての示唆
	(f) 教育・文化機関	(a) 範囲
産業、工業・商業	(g) 予想される要求	(b) 都市拡張の可能性
(a) 農業		(c) 都市改善・開発の可能性
		(d) 以上の対応の詳細

図2-8　ゲデスにより提示された地域調査の項目（1911）

ニューヨーク大都市圏調査報告書

　こうしたゲデスの考え方は、当時、急速な都市化が進行していた各地に影響を与えていきます。なかでも有名なのが、1927年から31年にかけて出版されたニューヨーク大都市圏の調査報告書です。この報告書は8巻からなり、第1巻が大都市圏の成長と経済的要因、第2巻が人口と地価等、第3巻が道路交通、第4巻が交通機関、第5巻がレクリエーション、第6巻が建築物関係、第7巻が近隣コミュニティ計画、第8巻が物的現状と公共サービスとなっています。余談ですが、これらのうち第7巻の第1論文は「近隣住区論」としてその後の都市計画に大きな影響を与えることになります（第4章参照）。

環境学習・環境教育

　第二は、「環境学習」です。ゲデスの興味は行き着くところ、なぜ都市が発展したり衰退したりするのかを解明するところにありました。1890年にエジンバラに建てた「展望塔」は新しい形の博物館で、そうしたゲデスの関心を発展させる拠点となりました。この「展望塔」は旧エジンバラの丘陵の上に立つ6層の建物で、屋上からはエジンバラ地域全体を一望におさめることができます。各階にはエジンバラの歴史や地理をはじめ、スコットランド、ヨーロッパ、そして全世界の情報がおさめられています。この「展望塔」は、図書館のように文字を通して知識を習得するのではなく、地域の環境を調査し具体的な課題の解決に役立つ実践的な活動の場となることを意図して建てられたものでした。

　第三は、「環境教育」です。ゲデスは、自分が解明したり分析した結果を「展示会」の形で発表したり、「サマー・スクール」等を開催して、集中的な教育効果をあげることに多大なエネルギーをかけています。1910年にパリで開催された「第一回世界都市計画会議」においてゲデスはその展示部門を任されますが、「展望塔」から持ち出された数々の展示物は人々を魅了しました。ゲデスはこのように、計画内容というよりは計画方法において、その後の都市計画に大きな影響を及ぼしたのです。

環境改善の実践

　第四は、「実践」です。ゲデスの業績は今日でもあまり正確に知られていないのですが、その原因は、彼が既存の組織に属さず独自の生き方をしたこと、また、彼の考えを知らせる著書等をきちんと残していないことによります。彼は常に実践していました。エジンバラにおいても、住宅問題等の都市問題の解決に実践的にかかわりました。ゲ

デスは特に、歴史的プロセスを無視した「スラム・クリアランス」によって住宅地が安易に取り壊されていくのを批判します。そして、なぜそのような問題が蓄積されたのかを理解したうえで徐々に問題解決を図ることの重要性を訴え、自ら実践しています。

このように、ゲデスの活動は地味なものでしたが、都市計画の基本的な方法論を確立するうえで極めて重要な役割を果たしました。特に、現実の都市の動態を科学的に調査・理解するなかから将来の計画を立てていくという方法論を提示し普及させた業績には、大きなものがあります。現在でも、エジンバラをはじめとするスコットランドの諸地域ではゲデスの業績が高く評価され、今日の都市計画のなかに受け継がれています（図2-9）。

図2-9　スコットランドの「地域」の特徴を示すステンドグラス

4. 認知論的都市工学──
ケヴィン・リンチ（1918-1984）

　1960年代になると、さらに新しい都市の読み方、都市工学の方法論が模索され提案されます。

　アメリカ人のケヴィン・リンチが1960年に発表した『都市のイメージ』は、都市の読み方を大きく変えた点で画期的でした。

　あなたが知っている都市は、最初から作ろうと意図したようなものではなく、すでにそこにあるのが普通です。多くの人々は、都市の中で生活しているのです。そして、その都市が良いかどうかは、人口規模や建物の階数によって決まるというよりも、人々が日頃接する環境の良し悪しによるところが大きいのです。もっというと、人々が環境を知覚したとき──主として視覚によって──「いい感じ」「いやな感じ」と思うその感じ方が重要なのです。

　例えば、あなたが日本の平均的な駅前商店街を歩いているとします。そこには銀行やレストランやお店が、なんとなく並んでいます。6階

建ての新築ビルもあれば木造平屋の建物もあります。なかには「すばらしい」と思う商店街もあると思いますが、普通は「ゴミゴミしている」とか「どこに行っても同じ」といった印象があるのではないでしょうか。

では、そのような商店街を、皆が「すばらしい」「わくわくする」ような商店街にするにはどうしたらよいでしょうか。商店街ばかりでなく、郊外の住宅地や都心のオフィス街はどうでしょうか。都市全体にひろげた場合はどうでしょうか。

都市のイメージ

リンチは、1960年に発表した『都市のイメージ』のなかで、多くの人が都市を「良い」と感じるための手がかりを提示しています。その基本にあるのは、都市の「わかりやすさ」です。

リンチによれば、「わかりやすさ」は3つの要素、つまり「アイデンティティ」「ストラクチャー」「ミーニング」によって構成されます。言い換えると、その場所らしく（アイデンティティ）、構造がはっきりしていて（ストラクチャー）、意味をもった（ミーニング）空間そのものが人々の心に強く印象づけられるという都市の読み方です。

さらに具体的な空間要素としてリンチは、「パス（道路）」「エッジ

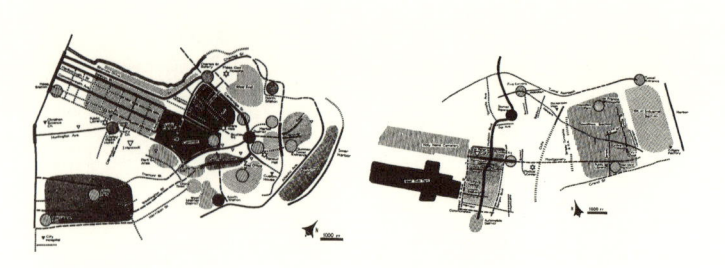

図2-10　都市のイメージの比較：ボストン(左)とジャージーシティ(右)

(縁)」「ディストリクト(地域)」「ノード(接合点・集中点)」「ランドマーク(目印)」の5つをあげています。

図2-10は、歴史的都市ボストンと、あまり特徴のはっきりしないニューヨーク市郊外のジャージーシティでインタビュー調査を行い、人々が5つの空間要素として指摘したものを図化したものです。ボストンでは空間要素がきめ細かく指摘され、「わかりやすい」都市のイメージが表現されているのに対して、ジャージーシティには5つの要素の書き込み自体が少なく、捉えどころのないさまを表しています。

知覚環境の計画

リンチはこうした都市の読み方をさらに発展させていきます。

例えば、1976年に出版した『知覚環境の計画』では、様々な地域を分析して、住民がそこを利用しやすいと感じているかどうかを調査しました。そして、良好な地域とは「大規模に連続する排他的区域をもたず、どの集団にも同じような利用のしやすさを感じさせる地域である」と結論づけました。つまり、他からじゃまされることなく、誰にとっても気持ちよく利用できる空間です。いわれてみれば当然かもしれませんが、例えば日本の都市で、このような良好な地域や場所がいったいどれくらいあるでしょうか。町の中心部には車があふれ、歩道もないような狭い道路が一般的です。

また、「誰にとっても」というのもなかなか難しいのです。リンチは、ロサンゼルス市を人々がどの程度認識しているかを地図を描かせることにより調査しました。その結果、裕福な地区の居住者が都市全体を把握しているのに対して、貧困地区の居住者は身の回りのごくわずかな区域しか認識していないことが明らかになりました(図2-11)。

大人と子ども、男性と女性、引っ越ししてきたばかりの人と長年住んでいる人など、その人の属性によっても都市の見え方・感じ方は異

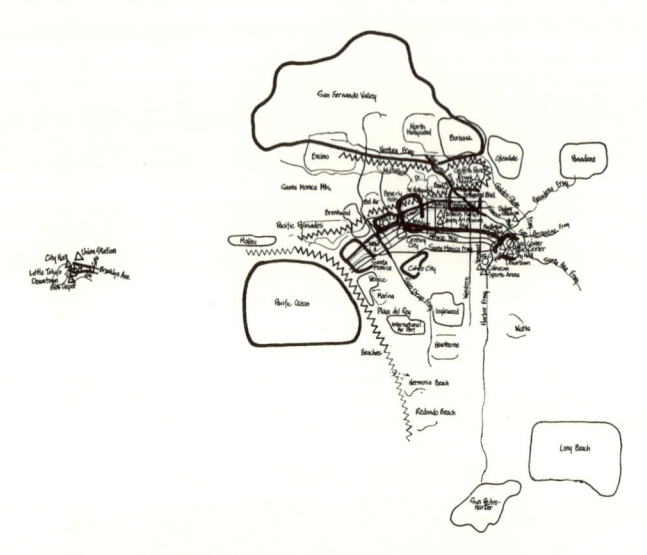

図2-11 貧困地区(左)と裕福な地区(右)の住民の空間認識の違い

なるのです。

　都市計画家や建築家はどうしても自分が「良い」と思う計画や設計をしがちです。リンチの問題提起が重要な理由は、都市の利用者や都市の居住者にとっていかなる都市が「良い」と感じられるかに直接迫った点にあります。そしてリンチは、知覚的な「質」を地域ごとに明確にしながら、地域ごとにその実現を図るべきであると主張しました。その方が人々が地域にアイデンティティを感じ、都市空間の「質」を高めていくために効果的だと考えたからです。

　過去の例では多くの場合、大規模な環境設計も、そうした環境の審美的・感覚的な面に対する配慮も、支配権力の手に握られていたとリンチはいいます。オスマンのパリ改造（第1章参照）を思い出してみて下さい。

このようにリンチは、人間の知覚を評価軸として、都市の形態そのものの良し悪しを取り上げた点が画期的でした。それまでにも都市の形態に関する提案は多く試みられたのですが、リンチはそれらをより一般的・体系的に提示し直したのです。

5. 複雑系と都市工学──
クリストファー・アレグザンダー（1936-）

今日の都市に向かい合う前に、もう一つ、重要な都市の読み方を知っておく必要があります。

いったい都市はどのように構成されているのでしょうか。都市には様々な要素が複雑に入り込み、決して大中小の順に物事が整然と整理されているわけではありません。

例外的な場所として、例えば「ニュータウン」と呼ばれる新興住宅地などにおいては、かなり秩序正しく物事が整理されています。しかし、そうした場所は何か人間味に欠け、生活感に乏しい感じがします。

こうした住宅地も時間が経てば、予定されていなかった場所にコンビニや飲み屋ができ、戸建住宅があちこちでアパートやマンションに建て替わり、通行止めだった場所に「けもの道」ができ、空き地や斜面地には緑が増えて、次第に「都市らしく」なっていくのが普通です。都市らしい空間とは、ある意味で計画的意図とは別の要素も入り込んだ複雑なものであるといえそうです。

「都市はツリーではない」

『都市はツリーではない』(1965)というアレグザンダーの表現は、単純ではない都市のこうした複雑なありさまを、複雑なものとして捉えることの重要性を指摘しています。「ツリー」とは、図2-12(左)のように、各要素がその上の要素との関係しかもたない単純な構造を指します。これに対して、本来の都市がもっているとアレグザンダーがいう「セミラティス」構造とは、図2-12(右)のような、各要素が複雑に関係し合うものを指します。

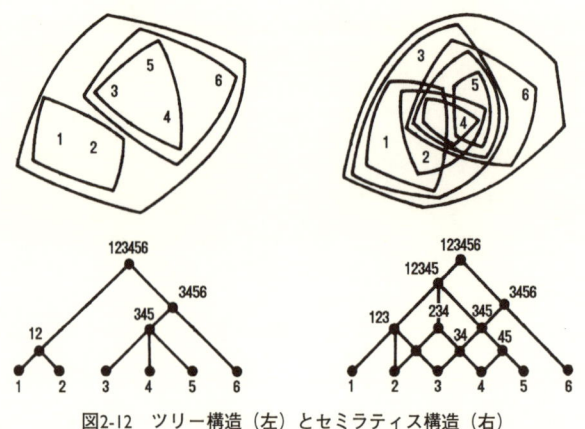

図2-12　ツリー構造（左）とセミラティス構造（右）

こうした見方があえて提示された背景には、「近代都市計画」のもつ欠点があります。例えば、都市のある場所に木造住宅が密集しており、住環境や防災の面で「問題」と認識されて、この問題を解決することになったとします。「近代」の考え——コルビュジェが典型ですが——によれば、日照が各戸に降り注ぎ、火事があっても燃え広がらないくらい安全であるべきなので、木造住宅を全部壊して、そうした性能を満たすビルを建てることになります。しかし、これで本当に問題が解決されるのでしょうか。

　否です。普通このようなことを行えば、家賃が上がって元の居住者はそこに住むことはできません。また、たとえ住むことができたとしても、それまでの思い出は根こそぎなくなってしまいます。好きだった小径は駐車場機能をもつ広幅員のアスファルト道路に置き換わってしまいます。新しく建てられた住宅は個性に乏しく、地域の歴史や文脈とは無関係になりがちです。

　では、どのように対応すればこの問題は解決できるのでしょうか。

パタン・ランゲージ

　アレグザンダーは、都市や建築を構成する基本的な要素を253の「パタン」に分解し、それらを言語のように組み合わせて、生き生きとした空間を生成するための方法を「パタン・ランゲージ」として集大成しました。253の「パタン」は、町、建物、施工方法の3つの部分で構成されています（図2-13）。各パターンは図や写真を交じえながらそれぞれ数ページにまとめられています。

　第一の「町」は94のパタンから成り、都市の基本的な構造をゆっくりと形成し、草の根的にコミュニティを醸成できるような内容となっています。1つだけ例をあげましょう。

　パタンの21番は「4階建の制限」です。冒頭には、

パタン・ランゲージのうち、まず、町やコミュニティを定義する部分からはじめる。これらのパタンは、けっして一度に全部を「設計」したり「建設」することはできない――だが、1つ1つの行為の積み重ねが、つねにこれらの包括的なパタンの創造や生成につながるようにすれば、息の長い漸進的な成長により、これらのパタンを備えたコミュニティが、何年もかかって、徐々に、しかも確実に生まれてくるであろう。

1. 自立地域

それぞれの地域で、土地を守り、都市境界を明示するような地域政策の実現を目指すこと。

2. 町の分布
3. フィンガー状の都市と田園
4. 農業渓谷
5. レース状の田園道路
6. 田舎町
7. 田園

都市政策により、都市の輪郭を明らかにするような基本構造の漸進的な形成を促すこと。

8. モザイク状のサブカルチャー
9. 仕事場の分散
10. 都市の魔力
11. 地区交通区域

これらの大きな都市パタンは、物理的に識別可能な場所として存在する2段階の自治的コミュニティの管理のもとに、草の根からつくり上げること。

12. 7000人のコミュニティ
13. サブカルチャーの境界
14. 見分けやすい近隣
15. 近隣の境界

次のようなネットワークの成長を促し、コミュニティどうしを結び付けること。

16. 公共輸送網
17. 環状道路
18. 学習のネットワーク
19. 商店網
20. ミニバス

次のような基本原理にしたがい、地球環境の質を規制するコミュニティ政策や近隣政策を確立すること。

21. 4階建の制限
22. 9パーセントの駐車場
23. 平行道路
24. 聖地
25. 水への接近
26. ライフサイクル
27. 男と女

近隣内やコミュニティ内、また両者の中間地帯や境界上に、地区センターの形成を促すこと。

28. 中心をはずれた核
29. 密度のリング
30. 活動の節点
31. プロムナード
32. 買物街路
33. ナイトライフ
34. 乗りかえ地点

これらのセンターの周囲に、親密な人間集団単位で、住宅群の成長を促すこと。

35. 世帯の混合
36. 公共度の変化
37. 住宅クラスター
38. 連続住宅
39. 段状住宅
40. どこにも老人

住宅クラスターのあいだ、センター施設の周囲、そして特に近隣間の境界上に仕事コミュニティの形成を促すこと。

41. 仕事コミュニティ
42. 工業の帯
43. 市場のような大学
44. 地区タウンホール
45. コミュニティ活動の輪
46. 多店舗マーケット
47. 保健センター
48. あいまの家

住宅クラスターや仕事コミュニティのあいだに、道路や歩行路のネットワークを、徐々に、自然発生的に成長させていくこと。

49. ループ状の地区道路
50. T字路
51. 緑路
52. 人と車のネットワーク
53. 大きな門口
54. 横断歩道
55. 小高い歩道
56. 自転車と置場
57. 都市の子供

コミュニティや近隣のなかに、人びとがくつろぎ、肩を触れ合い、自己を取り戻すような公開空地を用意すること。

58. カーニバル
59. 静かな奥
60. 手近な緑
61. 小さな広場
62. 小高い場所
63. 街頭の踊り
64. 池と小川
65. 出産所
66. 聖域

個々の住宅クラスターや仕事コミュニティのなかに、地区用のささやかな共有地を用意すること。

67. 共有地
68. つながった遊び場
69. 公共屋外室
70. 墓地
71. 泳げる水
72. 地区スポーツ
73. 冒険遊び場
74. 動物

共有地、住宅クラスター、仕事コミュニティなどの枠内で、家族や作業集団や会合所といった、最小単位の自主社会集団の変革を促すこと。はじめに、あらゆる形体の家族。

75. 家族
76. 小家族の家
77. ふたりの家
78. ひとりの家
79. 自分だけの住まい

次に、あらゆる作業場、オフィス、子供の学習グループといった作業集団。

80. 自主管理の作業場とオフィス
81. 形式ぬきの小さな窓口
82. 事務室のつながり
83. 師匠と弟子
84. 十代の社会
85. 店先学校
86. 子供の家

最後に、地区の商店や会合所。

87. 個人商店
88. 路上カフェ
89. 角の日用店
90. ビアホール
91. 旅人の宿
92. バス停
93. 屋台
94. 人前の居眠り

これで、町やコミュニティを定義する包括的なパタンは完了した。次に、個々の建物や個々の建物を、地上で立体的な形にするパタンに着手する。これらは、「設計」や「建設」が可能なパタンである――つまり個々の建物や建物間の空間を定義するパタンであり、やって個人や小集団でも手に負え、一度に建設できるパタンになる。

最初のパタンのグループは、建物の高さと数、敷地への入口、主要な駐車スペース、複合建物を通りぬける動線など、一群の建物の全体構成の設計に役立つ。

95. 複合建物
96. 階数
97. 見えない駐車場
98. 段階的な動線領域
99. おも屋
100. 歩行者街路
101. 通りぬけ街路
102. 見分けやすい入口の集まり
103. 小さな駐車場

敷地、樹木、太陽などの条件を見極めて、複合体の個々の建物の位置を1つずつ決めていくこと。これは、パタン・ランゲージのなかで、最も重要な瞬間の1つである。

104. 敷地の修復
105. 南向きの屋外
106. 正の屋外空間
107. 光の入る棟
108. つながった建物
109. 細長い家

建物の棟に、入口、庭、中庭、屋根、テラスなどを割り付けること。建物と建物間の空間を同時に形づくること――屋内空間と屋外空間は陰と陽であり、つねに同時に形成せねばならない。

110. 正面玄関
111. 見えがくれの庭
112. 入口での転換
113. 車との接続
114. 段階的な屋外空間
115. 生き生きとした中庭
116. カスケード状の屋根
117. 守りの屋根
118. 屋上庭

建物の主要部や屋外空間の概形が決まれば、次に、建物間の歩行路や広場にも、さ

図2-13　パターン・ランゲージの253パタン

第2章　都市の読み方　51

らに細かい注意を払うことになる。
119. アーケード
120. 歩行路と目標
121. 歩行路の形
122. 建物の正面
123. 歩行者密度
124. 小さな人だまり
125. 座れる階段
126. ほぼ中央の焦点

歩行路が決まったら、建物にたち戻ることにする。1つの建物のいろいろな棟で、空間に基本的な格づけをし、動線にしたがってそれらの空間をつなげていくこと。
127. 親密度の変化
128. 屋内の陽光
129. 中心部の共域
130. 玄関室
131. 通りぬけ部屋
132. 短い廊下
133. 舞台のような階段
134. 禅窓
135. 明暗のタピストリー

建物内の空間や動線の格づけを尊重しながら、最も重要な領域や部屋の輪郭を決めること。はじめに、一軒の家。
136. 夫婦の領土
137. 子供の領土
138. 東まくら
139. 農家風キッチン
140. 街路を見おろすテラス
141. 自分だけの部屋
142. くつろぎ空間の連続
143. ベッド・クラスター
144. 入浴室
145. 大物倉庫

次に、オフィス、作業場、公共建物なども同様に。
146. 柔軟な事務空間
147. 会食
148. 小さな作業集団
149. 親しみやすい受付
150. 待ち合わせ場所
151. 小さな集会場
152. 半ね的な事務室

少し独立させた小さな離れを、おも屋につけ加え、上階であれば、街路や庭からじかに入れるようにすること。
153. 貸せる部屋
154. 十代の離れ
155. 老人の離れ
156. 腰をすえた仕事
157. 家庭ワークショップ
158. 青空階段

建物の内外を自然に縫い合わせるために、両者の境を固有の場所として扱い、そこに人間的な細部を加えること。
159. どの部屋も2面採光
160. 建物の外縁
161. 日のあたる場所
162. 北の面
163. 戸外室
164. 街路にむかう窓
165. 街路への開口
166. 外廊
167. 一間バルコニー
168. 大地へのなじみ

庭の割り付けや庭内のさまざまな場所を決めること。
169. 段状の斜面
170. 果樹
171. 木のある場所
172. 野生の庭
173. 庭囲い
174. 格子棚の散歩道
175. 温室
176. 庭の腰掛
177. 菜園
178. コンポスト

建物内部にたち戻り、主要な部屋に小部屋やアルコーブをつけ加えて完成すること。
179. アルコーブ
180. 窓のある場所
181. 炉火
182. 食事の雰囲気
183. 作業空間の囲い
184. 台所のレイアウト
185. くるま座
186. ざこ寝
187. ふたりのベッド
188. ベッド・アルコーブ
189. 着がえ室

建物内のアルコーブの形状を微調整し、正確に建てられるようにすること。
190. 天井高の変化
191. 屋内空間の形
192. 生活を見おろす窓
193. 半開の壁
194. 窓の位置
195. 階段の容積
196. 隅のドア

アルコーブ、窓、棚、衣装戸棚、腰掛などが必要な個所では、つねに奥行の深い壁にすること。
197. 厚い壁
198. 部屋ざかいのクロゼット
199. 日のあたるカウンター
200. 浅い棚
201. 腰高の棚
202. 造りつけの腰掛
203. ちびっ子のほら穴
204. 開かずの間

ここまでくれば、個々の建物の設計は完了している。決められたパタンをたどっていれば、敷地に杭で印をつけるにしろ一枚の紙切れの上にしろ、すでに空間計画がフィート単位の正確さで、でき上っているはずである。部屋の天井高が決まり、窓やドアの大まかな寸法や位置も決まり、屋根や庭の割り付けもほぼ終っている。

次に、パタン・ランゲージの最後の部分で、大まかな空間計画から、実際の建物や建物細部をつくる方法が得られる。

構造の細部を設計する前に、自分の計画案や構想が、そのまま構造体の発展するような構造思想を確立すること。
205. 生活空間にしたがう構造
206. 無駄のない構造
207. ふさわしい材料
208. 順に固める構造

このような構造思想にしたがい、全体の計画案にもとづき、建物の構造設計を作成すること。これは、建物の着工前にできる最後の机上作業である。
209. 屋根の割り付け
210. 床と天井の割り付け
211. 外壁の厚み
212. 隅の柱
213. 補強柱の配分

敷地に杭を打ち、柱の位置を明示すること。さらに杭組の組み立てに着手すること。
214. 根のような基礎
215. 1階の床版
216. ボックス柱
217. がわ梁

218. 構造膜
219. 床・天井ヴォールト
220. 屋根ヴォールト

建物の主要骨組や開口部のなかで、ドアや窓の開口部の正しい位置を決め、開口部に枠どりをすること。
221. 自然なドアと窓
222. 低い窓台
223. 深い窓枠
224. 低い戸口
225. 厚い縁どりの枠

主要骨組や開口部をつくると同時に、次のような補助パタンを、必要な個所に組み込むこと。
226. 柱のある場所
227. 柱の接合部
228. 階段ヴォールト
229. 配管スペース
230. 輻射暖房
231. 屋根窓
232. 屋根飾り

仕上面や屋根の細部には、次のようなパタンを組み込むこと。
233. 床板
234. 本張りの外壁
235. 柔らかい内壁
236. いっぱいに開く窓
237. 小窓つきの厚いドア
238. 柔らげた光
239. 小割りの窓ガラス
240. 半インチの見切り縁

屋内空間と同様に、細部を十分に造り込んで屋外を仕上げること。
241. 腰掛の位置
242. 玄関先のベンチ
243. 座れるさかい壁
244. キャンバス屋根
245. さわれる花
246. つる植物
247. すき間だらけの舗石
248. 柔らかいタイルとレンガ

装飾、照明、色彩、自分だけの小物などを加えて、建物を完成すること。
249. 装飾
250. 暖かい色
251. まちまちの椅子
252. 明かりだまり
253. 自分を語る小物

> 高層建築が、人間をおかしくするという証拠は山ほどある

との主文が示されています。その主文に続き、それを正当化する説明が詳しく展開されています。この場合は、高層住宅が家族の精神的・生活的安寧に及ぼす影響につき、各分野の研究結果を引用しながら説明しています。そして、最後に結論として、

> どんなに高密な都市地域でも、大部分の建物は4階建か、それ以下にすること。それ以上の建物があってもよいが、決して居住用の建物にしないこと。

を強調しています。さらに、具体的空間づくりのためには、階数（96番）、密度のリング（29番）、複合建物（95番）などが関連することを示しています。かなり主観的な内容も含まれていますが、関連する番号のパタンも見ながら計画を考えることで、その場にふさわしい空間が生成されるとアレグザンダーはいっているのです。

　第二の固まりは「建物」に関する110のパタンで、実際の建設や設計が可能なスケールについて語っています。

　第三の固まりは49パタンから成り、実際の建物の「施工方法」を示しています。

　では、これら個々の「パタン」と「ランゲージ」はどのような関係にあるのでしょうか。アレグザンダーは、

> 253パタンのすべてが集まって、1つのランゲージを形成している。これらのパタンは、一定地域の一貫性のある全体像を創造し、しかもそれを、無限の細部をもつ無数の形体で生成する能力を備えている。

> また、このランゲージからどんなに短いシーケンスのパタンを取り上げても、それが環境の小部分を語る1つの言語になることも事実である。

と記しています。

つまり、何かを計画しようとする者は、253のパタンからその計画に必要なすべてのパタンを取り出し、使いこなすことによって、その場所に合った計画・設計が可能になるというのです。

パタン・ランゲージの評価

あくまでこれは1つの方法論なので、実際の設計や計画にあたっては、どのような空間を構成するかの力量が問われるわけですが、その部品にあたる「パタン」を抽出し、それを言語のように組み立てて空間を生成する方法論を示したところが、アレグザンダーの独創的なところでした。

同様なことは、20世紀初頭のゲデスもすでに主張し、実践しています。また、1950年代末のアメリカで『アメリカ大都市の死と生』を著したジェーン・ジェイコブスも、近代都市計画を批判し、多様性を生かすことの重要性を訴えました。アレグザンダーは具体的に一つ一つの要素を抽出し、体系化して示した点がユニークだったのです。

都市は、工学の対象としてはあまりに複雑です。専門家が「良い」と思って計画した都市や地区も、実際に使うとなると思わぬ欠陥を抱えることになりがちです。チャンディガールやブラジリアはその典型例でしょう。それは、複雑な都市を工学することがいかに難しいかを示しています。アレグザンダーは、そうした都市の複雑性を前提として、いわば都市と会話しながら、時間をかけて反応を確かめ、少しずつ、ゆっくり育てるように都市空間を形成する方法論を提示してみせたのです。

近年、改めて「複雑性」が注目されています。渡り鳥の群の動きがよく説明材料になりますが、複雑そうに見える集団の動きも、実は、先頭の1羽の動きに隣の鳥が反応し、それを見た次の鳥が反応して……というような、ごく単純な法則に従っていることがわかってきま

した。また、経済の分野もそれに似た面があって、ある投資家の動きが連鎖的に影響して株価が上がったり下がったりするという説明が可能です。これらをすぐに都市工学に応用することはできませんが、今後、複雑な都市を工学していくためには、そうした他分野の知識も取り入れながら、空間を生成するプロセスをもっと豊富にしていくことが必要です。集団的・中央集権的で、「成長」という方向性だけをもって都市が形成されてきた日本ではなおさらのことです。

6. 今日の都市をどうやって読むか

ずいぶん複雑なところまできました。

都市を工学する場合、5人の先人たちの都市の読み方はいずれも重要です。人によって、あるいは工学しようとする内容によって、どれがより重要になるかは異なるでしょう。しかし、たいていの場合、いずれの要素も同時に考えていることが普通なのです。

例えば、大都市郊外に立地する大規模団地が老朽化し、建て替えが必要になってきたとします。

ハワードにならえば、どのようなコミュニティを形成するかのビジョンを描くとともに、どのような経営手法や事業手法によって団地再生を図ったらよいのかを考え、実行のための組織を作る必要があります。

コルビュジェにならえば、団地内の機能構成や全体の交通計画を構想したうえで、建物の配置や密度や形態を具体的に考える必要があります。今は顕在化していない将来の課題についても、予見しながら計画することが大切です。

ゲデスにならえば、その団地が立地している地域の特性を把握しておくことも重要です。もしかするとそこは水害常襲地帯で、土地が安かった時代に無理をして団地を造成しているかもしれません。夏場の「風の道」を団地が塞いでいるかもしれません。知らず知らずのうちにできた水たまりが鳥たちの貴重なサンクチュアリになっているかもしれません。

　リンチにならえば、そこに生活する人々が心地良く感じるような風景を考える必要があります。団地の入口にゲートを設けてアイデンティティを醸成するとともに、団地中央にはランドマークとなる時計台を設置することも効果的かもしれません。

　アレグザンダーにならえば、老朽化したとはいえ歴史を刻み込んだ団地の資源を読みとり、重要なパタンを発見・設定して、人々が安心して住み続けられ、新たに移り住んだ人々も快適に過ごせるような環境を創造することが必要です。団地建て替えによって家賃が上がりますが、そうした経済上の変動にも配慮する必要があります。

　今、たまたま郊外の大規模団地を取り上げましたが、これは都市工学の対象が何であれ、多かれ少なかれあてはまるのです。

　とりあえず、これで準備完了です。3章、4章、5章において、さらに具体的な都市工学について学びながら、今後の都市工学のあり方を考えていきましょう。

　少しずつ専門的な言葉も出てきますから、だんだん慣れていって下さい。

------＜演習問題＞------

- 5人の先人たちの書いた以下の図書を読んでみましょう。

 ハワード『明日の田園都市』(鹿島出版会SD選書)

 コルビュジェ『ユルバニズム』(鹿島出版会SD選書)

 ゲデス『進化する都市』(鹿島出版会)

 リンチ『都市のイメージ』(岩波書店)

 アレグザンダー『パタン・ランゲージ』(鹿島出版会)

- その感想を話し合ってみましょう。

第3章　都市を方向づける
―― 公共の仕事としての都市工学 ――

現代の都市は多数の主体が複雑に絡み合う複合体です。第1章で見たように、今日の社会はグローバル化した資本主義社会ですから、絶対的な力や資力をもつ誰かが都市全体を工学することは、特別の条件が整わない限りほとんど不可能です。

とはいえ、今日、相対的な意味において、公共を代表する国や都道府県や市町村は、それなりに都市を方向づける道具をもち、日々の都市工学にかかわっています。もちろん、大手建設・不動産会社などのように、大きなプロジェクトを自前でできる行政以外の主体もなくはないのですが、それらも大きく枠づけられたルールや範囲のなかで動いているのです。

そこで、この章では、「都市を方向づける」という観点から、公共の仕事としての都市工学を、5つの主要な側面を設定して学習していきます。最初の「都市の拡大を制御する」都市工学は、近代都市計画の最も基本となる部分で、都市が拡大する際にいかに市街地を計画的に誘導するかがテーマになります。第2、3節はそれぞれ「都市の再編を促す」「防災・復興」がテーマです。一旦形成された市街地も、経済的変動や災害等によって様々な問題に直面します。そうした場面に適切に対応する都市工学がここでのテーマです。第4、5節は「歴史環境を育む」「自然と共生する」都市工学がテーマになります。第1～3節が都市の機能的側面を主に対象にしているのに対して、これらは都市の文化的側面が主要テーマとなります。

1. 都市の拡大を制御する都市工学

第1章の最後で、都市の拡大を計画的に制御することが「近代都市計画」の大きな特徴であると説明しました。

そこでまず手始めとして、都市の拡大の実際をデータや地図を使って具体的に理解したうえで、何が都市工学の課題なのか、どうすればそれらの課題に適切に対処できるのかについて学習していきます。

都市の拡大をデータから読みとる（1）：国勢調査の人口データを使って

都市の動向を把握するうえで最も簡単なのは、国勢調査データを使うことです。人口や年齢、世帯の特徴を市町村別に捉えることができ、経年変化をとれば都市の成長のおよその姿がわかります。

例えば、表3-1に横浜市の人口動向を示していますが、1960年代から70年代にかけて急激に都市が成長していることがわかります。

逆に、不況産業を抱える都市の例として、室蘭市も示しました。1980年代以降に都市が衰退していった様子が見てとれます。

表3-1 横浜市と室蘭市の人口の推移

	横浜市		室蘭市	
	人口（万人）	5年間増減率(%)	人口（万人）	5年間増減率(%)
1960	137.6	—	14.6	—
1965	178.9	30.0	16.1	10.3
1970	223.8	25.1	16.2	0.6
1975	262.2	17.2	15.9	-1.9
1980	280.6	7.0	15.0	-5.7
1985	299.3	6.7	13.6	-9.3
1990	322.0	7.6	11.8	-13.2
1995	330.7	2.7	11.0	-6.8

都市の拡大をデータから読みとる（2）：DIDデータを使って

　国勢調査の市町村別データにも欠点があります。特に、都市を工学しようとする場合、具体的な市街地、つまり、都市的な様相を示す空間的な広がりを直接相手にすることがどうしても必要になります。

　日本には1990年現在655の市がありますが、東京のようにたくさんの都市が集合して巨大な市街地を形成している場所もあれば、静岡市のように面積は1146km²と全国の市町村で4番目の規模をもちながら人口の大半が市域の南端部に集中している市もあるので、都市単位のデータだけではどうしても都市の実態に迫れません。

　そこで、地理学上の便利な指標であるDID（Densely Inhabited District＝人口集中地区）を、便宜的に、都市的な様相をもつ市街地の範囲を示すものとして使うのが一般的です。

　DIDとは、人口密度40人/ha以上の調査区（国勢調査の際に設定される、およそ50世帯を1つの単位とする区域）が連担して5000人以上の規模に達している一群の固まりのことを意味します。

　例えば先の静岡市の場合、1985年時点のDID面積は56.6km²で、市域のわずか4.9%となります。日本全体では、面積が37.8万km²、DID面積が約1万km²（1980年）ですから、その割合は2.7%となります。つまり、日本の国土のうち都市的な様相をもった部分はわずか3%弱ということになります。日本の国土の約70%は森林・原野なので、残り30%のさらに1/10の地域に人口が集中している、といった感じになります。

　ところで、都市を工学する場合、「人口200人/ha」などのように、面積を平方キロメートルではなく、ヘクタール単位で扱うことが多くなります。数字と自分の感覚が対応するよう、慣れていって下さい。

　また、このDIDという指標は、どの時期、どの場所でも同じ測定方法ですから、経年的な変化を確認したり、都市間比較をする場合にた

いへん便利です。先の静岡市の場合、表3-2のようになります。

人口との関係でDID面積を見ることも重要です。静岡市の場合、人口は1975年以降あまり増加していませんが、DID面積はその後も拡大しています。つまり、人口の増加とDID面積の増加の間には、時間的ズレがあるのです。これは、例えば、都心部にぎっしりと詰まっていた人口が、郊外に新しくできた住宅団地などに拡散している状態を表しています。自動車の普及もそうした傾向を推し進める大きな要因になっています。詳しくは第4章で学習しますが、多くの都市にこうした共通点が見られます。

表3-2　静岡市の人口とDID面積

	人口(万人)	5年間増加率(%)	DID面積(km^2)	5年間増加率(%)
1960	32.9	—	18.8	—
1965	36.8	11.9	20.4	8.5
1970	41.6	13.0	32.0	56.9
1975	44.7	7.5	46.1	44.1
1980	45.8	2.5	54.6	18.4
1985	46.9	2.4	56.6	3.7
1990	47.2	0.6	60.2	6.4
1995	47.4	0.4	61.3	1.8

都市の拡大を地図から読みとる

だんだん都市という相手が手に取るように見えてきました。そこでさらに踏み込んで、具体的な都市の動態をスケールの異なる地図を使って空間的に捉えてみましょう。

図3-1は、首都圏地図を用いて、市街地の範囲を黒く塗りつぶしたものです（縮尺は約1/200万）。時代を経るごとに市街地が大きく拡大していく様子がわかるとともに、より細かく見ると、鉄道に沿って市街化が進んでいく様子が読みとれます。これは、日本の大都市では鉄道を使って通勤する人が多いために見られる現象です。もし皆が自動車を使って生活していれば、もっと道路に引っ張られた形になるはずです。

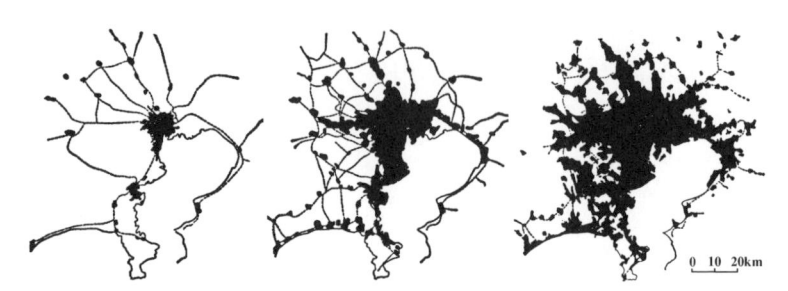

図3-1 首都圏の市街地拡大（左：1910、中：1960、右：1985）

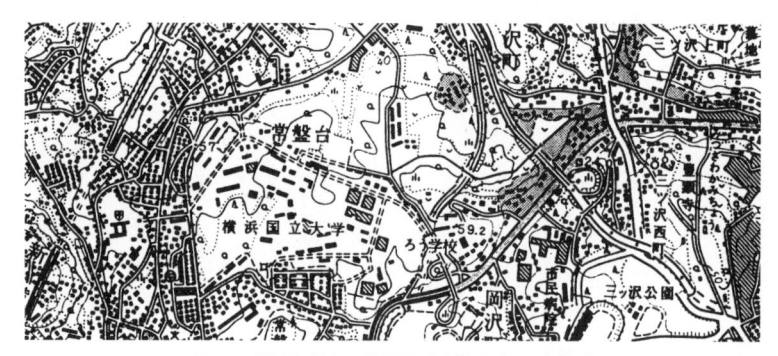

図3-2 横浜市保土ヶ谷区付近の様子（1/2万5000）

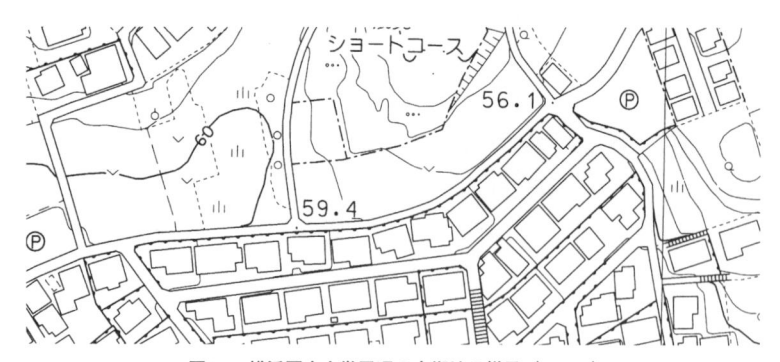

図3-3 横浜国立大学周辺の市街地の様子（1/2500）

次に、図3-2は、1/2万5000の地図から、首都圏の準郊外に位置する横浜市保土ヶ谷区付近を切り取ったものです。この地図からは、斜線で黒く示された古い市街地と、家がポツポツと示され、相対的に白く見える新しい市街地の差がまず認識できます。もう少し細かく見ると、新しい市街地では、畑や山林が建物と混在している様子が見てとれます。こうした拡散的な市街地は「スプロール市街地」と呼ばれています。

さらにスケールアップして1/2500にしたのが図3-3です。ここまでくると、わたしたちが日々体験するようなスケールで、農地や山林と住宅が混在している様子がわかります。また、同じ住宅地といっても、多数の住宅が一体的な団地を形成しているものから散発的に建っているものまで様々であること、さらに、道路にも狭くてまっすぐでないものから広い幅員のものまで様々なものがあることが読みとれます。この1/2500の白図は、最も基礎的な地図の1つとして各都市で活用されているものです。

都市を工学するには、このように、対象とするテーマによって地図のスケールや種類を変えながら、対象の現況や動態について正しい認識を得ることがたいへん重要です。およそのスケールですが、建築の図面は1/50〜1/500程度なのに対して、都市を扱う場合には、1/1000〜1/10万、場合によっては1/100万くらいの広い範囲に及びます。

都市の拡大を制御する都市工学の課題

さて、ここまでは「認識」の段階です。都市を工学するためには、そうした認識のうえに何らかの課題や目標を設定して、都市に働きかけることが必要です。

課題といっても大げさなものではありません。例えば、先の1/2万5000や1/2500の地図で、道路がきちんと整備されず、住宅もバラバラ

に建っている様子が認識できましたが、このままで大丈夫でしょうか。

　詳しくは第4章で整理しますが、素朴な問題として、道路がきちんと整備されないまま住宅が建ってしまったら、住む人も訪れる人も不便です。また、農家にとっては、農地と住宅が混在してしまうと困りものです。農地が細切れになり作業がやりにくく、また、新しく引っ越してきた住民からは臭くて迷惑がられたりします。こうした事態が進行すると、農業を断念するところまで追い込まれるかもしれません。また、せっかく残っていた緑地も開発によって次々に削られて、殺伐とした風景に変わっていきます。

　いろいろあげればキリがないのですが、「ここまでは住宅地、ここからは農地」というように、きちんと仕分けができないものでしょうか。「これぞ」という緑地・樹林地を、なんとか保存・活用することができないものでしょうか。

　また、もう少し大きな目で見ても、市街地が無秩序に大きくなっていくことは問題です。例えば、住宅地にするためには道路ばかりでなく、上下水道やガス、電気などが使えないと困りますが、散発的に住宅が建っていったら、配管・配線にたいへんなお金が必要です。維持管理費もたいへんです。きちんと一箇所に住宅地があり、それらが秩序正しく連続していれば、道路も効率的に使えるし、上下水道管の敷設工事も道路工事に合わせて一度に済ませることができます。

都市の拡大を制御する都市工学の道具

　ここまでくると、ようやく都市を工学する理由がはっきりしてきました。市街地の拡大は、都市が成長する過程で必ず起こるのです。もしそれらを放置しておけば、先に説明したような問題がどんどん起こってしまいます。問題が起こる前に対処しておけば簡単に済むものも、起こってからでは解決が困難です。

そこで、こうした都市拡大の動態に働きかけて、住宅を建てる場合には秩序正しく良好な環境で、農地は区別して、道路や上下水道などの基盤はしっかり作って、といったように、都市として基本的な要件を整えていくことが重要であり、そのために様々な道具立てがあるのです。これが、都市の拡大を制御する都市工学ということになります。道具のいくつかを見ていきましょう。

①グリーンベルトによって市街地拡大を封じ込める

最も素朴ですが強力な方法として、都市が一定程度拡大したところでおしまい、とする方法があります。その典型がグリーンベルトの設定です。

都市の拡大を防ぐ方法としては、古代ギリシャでは別の都市を作ることで、中世ヨーロッパでは城壁によって事実上、そうしたことが可能になりました。しかし、現代都市の土地にはそれぞれ所有者がいるので、市街地の拡大に伴って「そろそろうちも農業をやめてマンションでも建てよう」ということになり、どんどん市街地が拡大してしまいます。

グリーンベルトは、「ここから先は市街化禁止」という線を引いて、もうそれ以上都市が拡大することを抑え込む方法です。

その有名な例が、第二次世界大戦後の「大ロンドン計画」で設定されたグリーンベルトでした（図3-4）。その際、単に「禁止」としただけでは、ロンドンに集まり溢れ出る諸機能は窒息してしまいますから、郊外に大規模なニュータウンをいくつも建設しました。また、グリーンベルトの外に行けば開発は可能であり、「不況地域」に指定された地方に工場を移せば税制上の特典が得られるなどの形で、総合的な政策の一環としてグリーンベルトが機能したのです。

日本でも戦後、この大ロンドン計画をまねたことがあります。第一

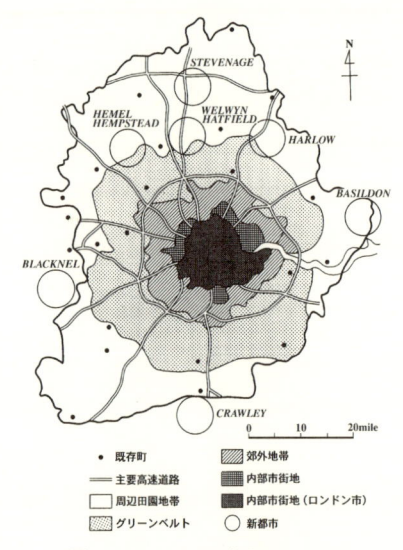

図3-4 ロンドンのグリーンベルト

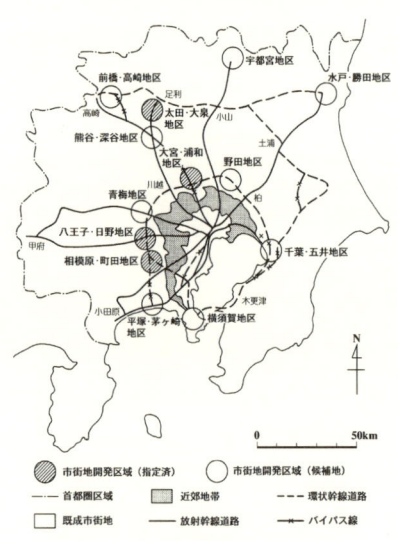

図3-5 首都圏整備計画と「近郊地帯」

次首都圏整備計画（1958）の「近郊地帯」がそれです（図3-5）。この計画では、首都圏の無秩序な拡大を抑えるために、「既成市街地」の周囲に「近郊地帯」というグリーンベルトに相当するゾーンを設定して開発を抑制しようとしました。しかし、東京への諸機能が集中するスピードはロンドンと比べて急激であり、また、土地利用を直接規制することができなかったために、「近郊地帯」はやがて放棄されてしまいました。

なお、お隣の韓国でも、首都ソウルなどでグリーンベルトを設定して、その外側に衛星都市を建設しながら、計画的な都市圏の整備を行っています。

②「線引き」によって市街化の範囲を枠づける

「近郊地帯」は首都圏での話ですが、日本も高度経済成長期に入ると、ほとんどの都市で急速な市街化、つまり郊外への市街地拡大に見舞われ、混乱状態となりました。当時は郊外への住宅開発が中心で、地価も毎年数十％という勢いで値上がりしていきました。

こうした事態に対処するため、1968年の都市計画法によって新設されたのが「線引き」と呼ばれる制度です。

ここで、都市計画法という言葉が初めて出てきたので、少し説明しておきます。

日本では、都市を工学するための基本制度として、都市計画法と建築基準法という2つの重要な制度をもっています。都市全体の計画のための法律が都市計画法、具体的な建物をコントロールしているのが建築基準法です。都市計画法も建築基準法も、最初に制度化されたのは1919年（大正8年）のことでした。建築基準法は当初、市街地建築物法と呼んでいたのですが、1950年に大きく改革されて、建築基準法と呼ぶようになりました。また、都市計画法は戦後しばらくの間、

1919年の都市計画法を基本制度として使っていたのですが、この都市計画法は国を中心とする制度でもあり、また、先に説明したような急激な市街化を制御できない制度でした。そこで、都道府県を中心とする体系に都市計画を再編するとともに、「線引き」制度を導入して衣替えしたのが1968年の改正都市計画法です。

　次に、「線引き」制度を説明しましょう。これは、無秩序な市街地の拡大を防ぐ必要がある場合に、原則として開発を認めない「市街化調整区域」を設定するものです。逆に、すでに市街地となっている部分や、今後10年以内に市街化が見込まれる部分を「市街化区域」として、そこでは市街化を計画的に進めていくこと——つまり、市街化する場合にはきちんと道路や公園などの宅地基盤を整えること——が期待されました。「市街化区域」と「市街化調整区域」を区分するために地図上に線を引くことから、「線引き」制度と呼ばれています。

　1968年法で導入されたこの制度を使って、各都市では「線引き」作業をほぼ3年がかりで行いました。人の土地の上に線を引くわけですから、線を引く方も引かれる方もたいへんなエネルギーを費やすことになりました。

　この最初の「線引き」によって、日本全国で約124万haの土地が「市街化区域」とされました（1970年時点）。

　これがどれくらいの広さなのかを、先に説明したDID面積との関係で見てみましょう。

　1970年のDID面積は約64万ha、「市街化区域」の面積が約124万haという関係です。当時、5年間で約18万haのDID面積が増えていたので、10年間で36万haほどの勢いです。つまり、1970年から10年目にあたる1980年頃のDID面積は100万haくらいになる勢いです。124万haという数字はそれに比べればかなり大きい数字といえます。

　このように、かなり大きめに「市街化区域」が設定された理由につ

いてはいろいろ説明が可能ですが、実際の「線引き」のプロセスを理解することがその手がかりになります。

「線引き」は一般に都道府県知事が決定しますが、そのプロセスでは、まず市町村に素案づくりを任せます。各市町村では、それぞれの都市の市街化動向や将来人口推計などのデータをにらみながら、どこまでを「市街化区域」とすることが望ましいかの案を作ります。この場合、一般的に、行政自らは事務局となり、別途、利害関係団体や専門家等の意見を聴きながら案を作成するという形をとりました。場合によっては一般市民にその案を説明して意見を収集し、案を修正することもありました。

少し想像するとわかりますが、こうしたプロセスで、利害関係者、とりわけ「線引き」にかかわる農地の所有者は、それまで開発が可能だった土地を「市街化調整区域」にされてしまうと開発は原則不可能となり、もっている土地の価値が損なわれると考えがちです。制度のうえでは「線引き」はおおむね5年ごとに見直されるとなっていたのですが、将来「市街化区域」になるかどうかは全く不明なため、「今のうちに市街化区域に入れておかないと将来困るだろう」という判断が強く働きました。

そんなわけで、市町村が作成した案では、どうしても「市街化区域」が大きくなりがちだったのです。都道府県では一応、広域的観点からの調整は行いますが、大きな傾向を変えることはできず、結果として、かなり大きな「市街化区域」が設定されることになったのです。

1つだけ事例を見ておきましょう。東京大都市圏の一角を占める横浜市は、線引き当時、猛烈な勢いで市街化が進行していました。市では無秩序な開発を防止し、人口そのものの増加も抑えるために、市街化区域面積をできるかぎり抑える方針で作業に臨み、結果、市域の約3/4を市街化区域に、残りの1/4を市街化調整区域に指定しました（図

3-6)。その後の線引き見直しによっていくらかの開発予定地等が市街化区域に編入されましたが、大まかな割合は変化していません。

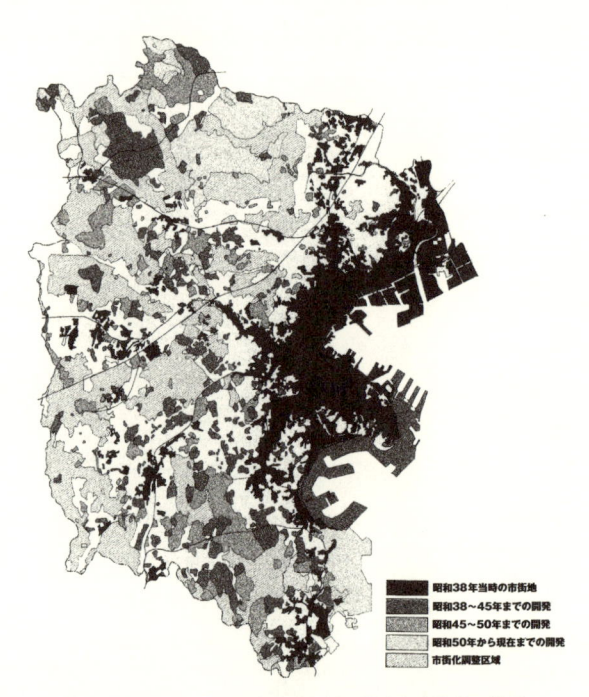

図3-6 横浜市における市街化区域の設定と市街化の進展

凡例：
- 昭和38年当時の市街地
- 昭和38～45年までの開発
- 昭和45～50年までの開発
- 昭和50年から現在までの開発
- 市街化調整区域

③計画的市街地を誘導する：開発許可制度

「線引き」は、単に「市街化してよいところ」と「そうでないところ」を分けるだけです。したがって、「市街化してよいところ」では無秩序な開発が起こらないように計画的市街地を誘導する道具が必要になります。

1968年の都市計画法では、「開発許可」という制度を新設して、「市

街化区域」における一定規模以上（一般に1000m²以上）の開発は、都道府県知事の許可を受けなければならないとしました。例えば図3-7は、開発許可を受けたものとそうでないものを比較したものです。道路幅員や公園などの点で、開発許可を受けたものの方がゆったりしていることがわかります。

図3-7　開発許可を受けた開発（左）と受けない開発（右）

あまり差はないとの見方もありますが、都市とは個別の開発が集積したものです。もし、図3-7右のような開発ばかりが進んだらたいへんです。道路はどこに行っても4m程度の幅員しかなく、公園は全くなく、家ばかりがビッシリと並んでいるような市街地ができてしまうのです。

また、開発許可が必要となるのは一般に1000m²以上の開発ですから、990m²なら開発許可は不要です。実際、日本の農地は1町（1ha）をタテに2等分、ヨコに5等分してできる1反（1000m²）が単位となっていて、少し工夫すれば1000m²にギリギリ満たない開発にして開発許可を逃れることが可能です。図3-7右はそうした開発の集積事例なのです。

④計画的市街地を積極的に整備する：土地区画整理事業

　今説明した「開発許可」の仕組みは、都市を方向づける立場からすると「受け身」の方法です。「市街化区域」を設定してもその内部にいつ開発が起こるかわからず、たとえ開発が起こっても1000m²に満たなければ開発許可で良好な市街地を誘導することもできないからです。実際、「市街化区域」内部の開発は散発的にしか起こらないうえ、1000m²以上の開発はわずかの割合でしかありません。

　そこで、積極的に良好な市街地を形成するために、日本では「土地区画整理事業」という手法がかなり広く行われています。「都市計画の母」と呼ばれるくらい普及していて、日本の市街地のほぼ1/4はこの事業によって整備されてきました。

　この事業の内容を説明しておきましょう。図3-8は、土地区画整理事業の前後で土地がどのように変化するかの模式図を示したものです。左の状態がこの事業によって右のようになります。

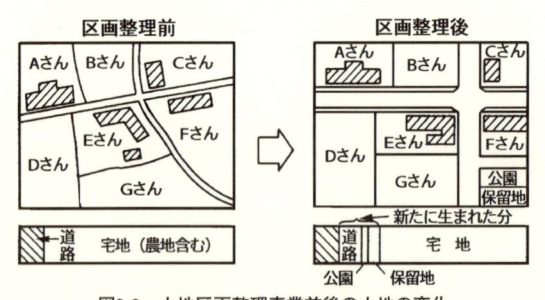

図3-8　土地区画整理事業前後の土地の変化

　まず左の図ですが、土地の形はまちまちで、道路といってもせいぜいちょっとした農道があるくらいです。土地区画整理事業は、こうした農地等を造成して、都市的な土地利用、一般的には住宅用地として使いやすい区画にするとともに、道路や公園をしっかり整備するもの

です（右図）。この事業の仕組みで重要な点を2つあげておきます。

　第一は、道路や公園をきちんと整備するために、それまで各地主がもっていた土地を少しずつ減らさなければなりません。これを「減歩」といいます。もとの土地面積からの減少分を「減歩率」といいます。この際、地主によって「減歩率」に差があると不公平でもあり、また、話がまとまらない原因ともなるので、原則的に「減歩率」は一定とします。

　第二に、宅地基盤を整える際、事業前の区画を事業後の区画に振り替える操作が必要になります。各区画の形や大きさも当然変化します。これを「換地」といいます。この際、「照応の原則」といって、換地後の区画の位置は、できるだけ換地前の区画の位置に対応していなければならないという原則があります。

　こうして、もとの区画は少し「減歩」されますが、以前の場所とだいたい同じところに「換地」されて、道路や公園もしっかり整備された市街地が誕生することになります。

　では、この事業の実施にどうやって多くの関係者（地主たち）の賛同を得ることができるのでしょうか。

　まず一般に、農地が宅地に転換されると土地の価値は高まるので、「減歩」で土地が多少小さくなっても、それ以上の価値の増加によってプラスと判断されることになります。もちろん、もともと土地が小さい場合など、「減歩」によって宅地として使えなくなる場合もあるので、こうした場合は減歩率を緩和したり、減歩を行わずに負担分を清算金として支払うなどの形で対応するのが一般的です。

　事業を実施するための資金はどうでしょうか。一般に、「減歩」と「換地」の操作の際、「保留地」といって、もとの地主に割り当てない土地を保留しておき（図3-8右）、これを第三者に売却することで事業費をまかなっています。地主らが組合を作って事業を行う場合と、行

政が直接施行者となって行う場合で少し違いますが、およits特徴は以上のようなものです。

⑤ 土地税制と土地利用転換

「グリーンベルト」や「線引き」によって都市の拡大を方向づけ、開発許可や土地区画整理事業などによって計画的に市街化を進めていく、というのがこれまでの話です。

都市の拡大を制御するためには、さらにいろいろな手段を使ってそれらの実効力を高めていくことが必要です。ここでは、土地税制を取り上げて簡単に説明しましょう。

今日の社会では、計画を強制的に押しつけることは困難であり、また望ましいことでもありません。そこで、ある計画を達成したい場合に、それぞれの主体に働きかけて、「それなら私もやってみよう」と皆に思ってもらうことが重要になります。先に説明した土地区画整理事業も、農地のまま土地をもっているよりも、市街化しやすいように区画を整理し道路を広げておく方が、個々の地主が得だと考える場合に成立しやすいのです。

では、「線引き」をした場合、線の内側、つまり「市街化区域」で計画的な市街化を促進させるために、どのような仕掛けがあるでしょうか。

おおざっぱに見ると、固定資産税、相続税の2つの税制によって、次第に農地が市街地に転換されていく力が働いています。つまり、農地とはいえ市街化区域内にある場合には、宅地並の高い税金がかかります。特に相続税はかなりの累進課税なので、大きな土地をもっている近郊農家で主（あるじ）が亡くなると、相続税支払いのために土地が売却されるなどの変動が起こり、これは農地が宅地に転換される大きなきっかけになっています。

このようにして、市街化区域内の農地は次第に転用され、都市的土地利用へと転換していくのです。土地税制の多くは、都市工学のために存在するわけではありませんが、都市工学と大きくかかわっています。特に、土地利用転換のスピードを早めたり遅めたりする大きな要因となっているのです。

2. 都市の再編を促す都市工学

都市の再編を促す都市工学の重要性

都市は拡大するばかりではありません。最初は工場やオフィスや大学ができて都市に人が集まり、市街地はどんどん拡大していきますが、時間が経つと、都市内の工場や大学は郊外に移転しその跡地が転用され、都心部の住宅地は再開発されてオフィスになり……といった形で都市の再編が始まります。先にあげた室蘭市のように、都市全体が衰退過程にある都市もありますが、そうした場合にはなおさら、工場跡地や遊休地の活用方策を練るなどの対応が必要です。

今後の日本の都市は、かつてほどの郊外への拡大は見込めません。日本全体の人口は2007年頃にピークに達し、大都市圏の人口も2005年から2010年頃にかけてピークとなることが予想されています。また、都市の拡大は干潟の埋め立てや森林伐採などの自然破壊とも直接関係することを考えると、果たして安易な都市拡大をこのまま続けていっていいのかという疑問も湧いてきます。そう考えると、これまで以上に、一旦できあがった市街地をうまく活用していくことの重要性が浮かび上がってきます。

とはいえ、現代都市はバロックの時代と違って、絶対権力や無限の

財源に頼ることはほぼ不可能です。オスマンによるパリの大改造のようなことは難しくなっているのです。

そのかわり、再開発などのプロジェクトを実施することによって土地利用は徐々に転換され、再編されていくのが一般的です。特に、大規模なプロジェクトは都市全体に対するインパクトも大きく、都市の再編を促す都市工学の1つの道具になっています。

都市成長から都市再編へ：横浜市みなとみらい21地区の場合

横浜市で戦後の経済成長期に人口が急増したことを前節で示しました。とりわけ郊外開発の勢いはすさまじく、次々に田畑や丘陵が無秩序に開発されていきました（図3-6参照）。そこに移り住んだ人々の中には横浜中心地ではなく東京に通勤する人も多く、横浜市では、横浜全体が東京に依存した構造になりつつある状況を問題と考えました。

ここで1つ、都市の独立性を示す「昼夜間人口比」という指標を学習しておきます。

昼夜間人口比とは、分子に昼間人口、分母に夜間人口をとったものです。その都市に活気があって職場がたくさんあれば昼間の人口の方が多いので、この数値が1以上となります。逆に、大都市近郊のベッドタウンのように、多くの人がどこか別の地域に通勤している場合には1未満になります。横浜はかつて地域の中心だったのですが、郊外部の開発が進むにつれて東京のベッドタウン的な性格を強め、昼夜間人口比が0.9を割るような状態になっていたのです。

そのような状態から脱して、横浜独自の都市構造に都市を再編するために打ち出されたのが「6大事業」（1965）でした（図3-9）。なかでも「都心部強化計画」は、相対的に弱体化しつつある横浜都心部の機能を直接強化するための主要な事業です。

横浜の都心を少しながめてみましょう。

第3章 都市を方向づける　77

図3-9　横浜市の「6大事業」（1965）

　まず、ある程度の規模以上の都市に共通する特徴ですが、昔からの「下町」の繁華街は衰退ぎみで、駅前デパートを中心とする一角が繁華街を形成しています（さらに郊外ショッピングセンター等に中心が移りつつある現状についてはあとでふれます）。

　横浜の都心部も、幕末の開港以来の中心で県庁や市役所のある「関内地区」が衰退ぎみとなり、かわって横浜駅を中心とする「横浜駅周辺地区」に多くのデパートが立地してにぎやかな場所になりつつありました（図3-10左）。両者はおよそ2kmほど離れていて、その間には造船所や貨物ヤードが、これもあまり使われなくなりながら横たわっていました。

　「みなとみらい21地区」は、この間の部分を整備して新たな都市機能を立地させることで、その地区自体が横浜の中心部になるとともに、離れていた新旧2つの都心を結びつけ、全体として強力な都心部を形成しようとする一大プロジェクトです（図3-10右）。この事業の内容を詳しく見てみましょう。

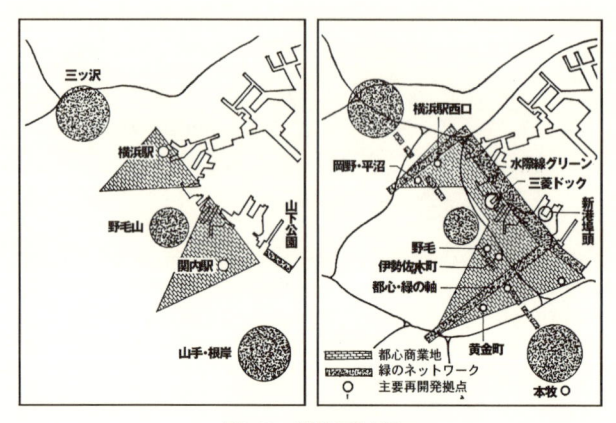

図3-10　横浜の都心部

　図3-11は、「みなとみらい21地区」の計画前の姿と計画案を比較したものです。この地区には大手民間企業のもつ造船所などが多数立地し、横浜港の機能を支える拠点が形成されていました。横浜市では、この民間企業に移転を勧めるとともに、市の南部の金沢地先に広大な埋め立て事業を実施して（図3-9参照）、そちらへの誘致を働きかけました。金沢地先の埋立地には、横浜の既成市街地で操業する諸工場にも移転を働きかけることで、都市内の諸機能の再編を図ったのです。

　この結果、「みなとみらい21地区」から古い都市機能は一掃されて、一部の海面埋立地を加えた186haに及ぶ広大な事業用地を確保することができたのです。さらに、住宅・都市整備公団（当時）と横浜市がそれぞれの担当区域を土地区画整理事業によって整地し、マスタープランに沿った開発が進行しています（図3-12）。

　1999年現在、横浜市立美術館やランドマークタワー、その他いくつかの街区の開発が完了しています。

　事業にはまだまだ時間がかかります。また、首都圏では幕張（千葉県）、大宮（埼玉県）、東京臨海部（東京都）などにも同様な大規模事

第3章 都市を方向づける　79

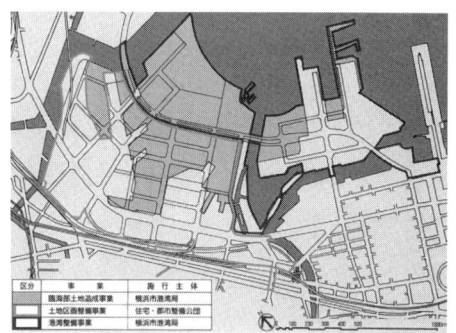

図3-11　「みなとみらい21地区」の計画前の姿と計画案

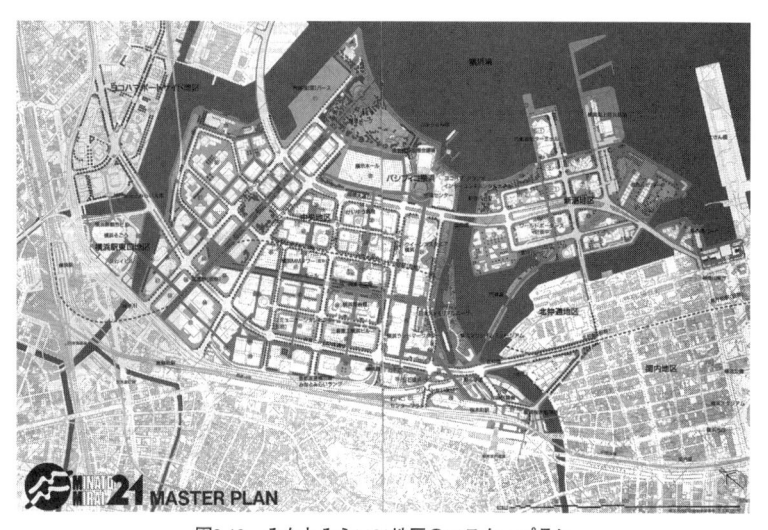

図3-12　みなとみらい21地区のマスタープラン

業が進行しているので、たいへん厳しい競争下にあるともいえます。ちなみに、「都市の再編を促す」という意味では、首都機能の移転が21世紀初頭の国家的一大事業となるかもしれません。新聞やテレビに出てくるのは移転先の話ばかりですが、移転した跡地をどう使うかも、実は大きな課題なのです。

キャナルシティー（福岡市）

「みなとみらい21地区」は、横浜都心部の構造を大きく転換し、もって横浜市自体の東京依存構造を是正しようとする大きなプロジェクトでした。

これに対して、これから紹介する福岡市の「キャナルシティー」は、鉄道ターミナル駅（博多駅）周辺のにぎわいと、繁華街（天神）のにぎわいを結ぶ線上の一角を再開発することで新たなにぎわいの核を創り出し、にぎわい相互の回遊性を高めようとした拠点開発事業です（図3-13）。

開発されたのは約3万5000m²の民間工場跡地です。こうした土地を

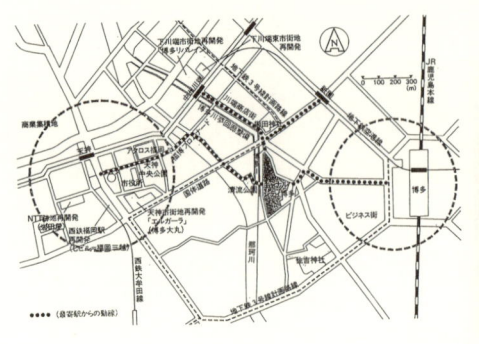

図3-13 キャナルシティー（福岡市）

開発するための手法は様々ありますが、ここでは都市再開発法に基づく「第一種市街地再開発事業」という手法が選択されました。事業は、地元の大手不動産会社と㈶民間都市開発推進機構によって進められ、設計は香港の有名なデザイナーが担当しました。

できあがった開発の規模は延床面積23万4000m²に及びます。ショッピングセンター、アミューズメント施設、ホテル、オフィスなどからなる複合建築が人工運河（キャナル）に沿って配置され、その運河を中心に各種の広場が設けられています。運河中央のステージでは各種イベントが催されてにぎわいを演出しています。

キャナルシティーのオープンは1996年4月のことですが、その後、都心部の人の流れが変わり、開発地周辺への波及効果も徐々に見られるようになってきました。駐車場が増設され、レストランが立ち並び、人の流れが増えた商店街が活性化しつつあります。まだ最終評価を下すには早すぎますが、このプロジェクトは、今後、活力の低下が心配される中心市街地活性化の一モデルとして注目に値する事例です。

中心市街地の活性化

都市の再編を促すといっても、華々しいものだけではありません。これから取り上げる中心市街地活性化の問題は、日本全国に共通するという意味で大きな問題なのですが、これといった解決策もなく、まさに都市そのもののあり方が問われる課題になっています。

日本の従来の都市は、都心部の城や港湾や寺社等の周辺に形成され、用途の混在を特徴としていました。都心部の諸機能は、当初は徒歩によって、次第に路面電車やバス交通によって支えられるようになりました。都市が拡大する際には主として住宅機能だけが郊外化して、オフィス街や繁華街は都心部に形成されるなど、都市機能が都心部に集中する都市構造となっていました。

しかし、1960年代以降、自動車交通が主流になり、郊外に住宅開発が進むにつれて、かつて栄えていた中心部の繁華街も徐々に衰退が始まります。とりわけ人口20万人くらいを境に、それより小規模の都市では自動車依存の傾向が強く、ショッピングセンターやその他の小売店舗も次第に郊外に拡散していきます。市役所などの公共機関が郊外に移転することも多く、それらもそうした傾向に拍車をかけました。

　今日、中心市街地の活力低下が大きな問題になっています。商店の多くがシャッターを降ろしたままで「シャッター通り」と呼ばれたり、その跡地が駐車場になったりと、「街」の体をなさない「商店街」が各所で見られるようになったのです。

　図3-14は小田原市の状況です。戦国時代には約100年間にわたり東国一の城下町として栄えた歴史をもち、近世以降も城下町として、また、箱根に向かう宿場町として繁栄した歴史をもっています。しかし近年、自動車の普及とともに郊外部の開発が急激に進み、郊外の幹線道路沿いには大規模スーパーマーケットをはじめとする商業機能が立地して、中心市街地の商店街は急速に活気を失いつつあります。通過交通による都心部の混雑や駐車場不足も、買い物客を遠のかせる理由になっています。

　こうした課題への対応策としては、都心部を通過するだけの交通が

図3-14　活気のない小田原市中心商店街

排除できる都心部の道路網整備、駐車場整備といったハード面の整備も重要ですが、それだけでは十分といえません。より本質的には、商店主自身が本当に「やる気」があるのか、経営者は育っているのか、商店街の組織化はできているのか、どのような方針や戦略で再生を図るのか、今後のビジョンをもっているのか、といったソフト面での対応が不可欠です。

しかし、そうした条件がそろわないのであれば、これまでの中心商店街の位置づけにとらわれず、商圏を絞って近隣商店街として再生したり、都心型住宅地として再整備を図るといった方向転換も必要です。

さらに、多くの地方都市は城下町を母体にしていることなどの特徴に着目して、歴史的資源や自然を生かしたまちづくりをめざすことも視野に入れる必要があるでしょう。

成功事例はそう多くはありませんが、ここでは公共と民間双方の努力による中心市街地活性化の成功例として注目される事例を1つだけ取り上げてみます。「黒壁」で有名になった滋賀県長浜市の例です。

長浜市は人口規模5万人ほどの城下町で、郊外型大型店に押されて中心商店街は衰退の一途をたどっていました。こうした中心市街地の再生へのきっかけとなったのが1983年の「第1回長浜出世祭り」でした。特に、このイベントを担当したチームが翌年に発表した「博物館都市構想」は、伝統を生かして美しく住むことを基本理念に据え、地域文化を生かしたまちづくりの方向を描いたものとして重要です。

1980年代後半から1990年代初頭は、博物館都市構想に基づいて各種事業が展開された時期です。「商店街まちかど整備事業」（1986）、「魅力ある商店街づくり事業」（1987）などを通して、歴史的市街地の骨格をなす商店街のアーケードの改修・石畳舗装などの公共空間整備や、個店の新改装などが行われました。1990年代中盤以降は、メイン

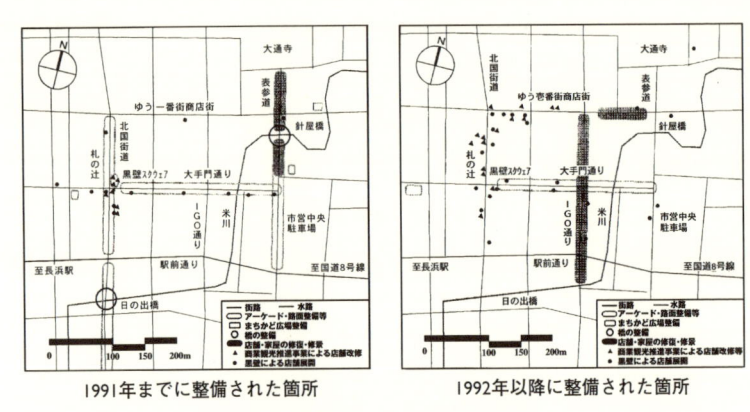

| 1991年までに整備された箇所 | 1992年以降に整備された箇所 |

図3-15　長浜市中心市街地再生のプロセス

の通りに隣接する通りなどへと整備区域がさらに広がっていきます（図3-15）。

　しかし、実は、長浜中心市街地の活性化を前進させる直接のきっかけとなったのは、通称「黒壁銀行」の売却・解体問題でした。この建物は黒漆喰の洋風土蔵建築で、当初は銀行、戦後は教会として利用され、市民に親しまれてきました。しかし、これが不動産業者に売却され、解体への不安が高まりました。1987年のことです。この建物を守るために地元商店主らが中心になって株式会社「黒壁」を設立し、「黒壁銀行」を買収・再生して、1989年に「黒壁ガラス館」としてオープンさせたのです。これがきっかけとなって、様々な方式で町家や蔵を活用した店舗が次々にオープンしていきました。

　このように、長浜市の中心市街地では、行政が中心となった舗道などの公共空間の整備と、地元商店主それぞれや株式会社「黒壁」が中心となった個々の建物活用を通した商店活性化の両者が補完的な関係となって、郊外型大型店にはまねのできない中心市街地の魅力を引き出し、それが市民や観光客を引き込む要因となったのです。

中心市街地活性化から見た都市工学の課題

　1998年7月に「中心市街地活性化法」が施行され、各地で「中心市街地活性化基本計画」の策定が進んでいます。表3-3は、1999年8月までにこの計画を作成し国に提出した166都市の一覧です。

　2006年にこの法律は改正されて、中心市街地への取り組みがいくらか強化されました。具体的数値目標等を定めた新しい「中心市街地活性化基本計画」も次々に策定されています。しかし、取り組みによって著しい効果があったとはいえない状況が続いています。

　この問題が重要なのは、その都市の歴史の核であり「顔」でもある中心市街地が解体しつつあるという事実であり、21世紀の日本の都市をどう考えるかという根本的な課題をそれが突きつけている点にあります。

　しかし、こうした類の都市工学を、実は日本は得意としていません。高度経済成長時代にも多くの都市工学を行ってきましたが、第1節で示したように、それは都市の拡大を制御するための都市工学が中心でした。グリーンベルトも「線引き」もそうです。都市計画制度も、そうした都市の拡大を前提として設計された制度なのです。

　中心市街地の活性化というテーマはまた、一度形成した市街地の持続的維持という、より本質的なテーマを内包しています。都市の再編を促す都市工学とは、より一般化していうなら、生きている都市の動態を正確に理解しながら、新たな都市工学の課題に答えるため、様々な方法によって都市に立ち向かっていくという、21世紀に向けた新しいテーマなのです。

表3-3 「中心市街地活性化基本計画」を提出した都市（1999.8 現在）

番号	市町村	都道府県	提出年月日	中心市街地の位置と規模	
1	郡山市	福島県	1998.8.3	郡山駅西口を中心とする商業・業務地区及びその周辺市街地	900ha
2	葛飾区	東京都	1998.9.17	金町駅を中心とする商業・業務地区及びその周辺市街地	180ha
3	松江市	島根県	1998.9.21	松江駅から殿町、松江温泉駅にいたる旧市街地	200ha
4	福島市	福島県	1998.10.2	福島駅東側の商業地を中心とした旧市街地	270ha
5	佐賀市	佐賀県	1998.10.23	佐賀駅南口から県庁前の中心商業地に至る地域	88ha
6	福光町	富山県	1998.10.26	福光駅西側の商業地及びその周辺地域	70ha
7	三鷹市	東京都	1998.10.29	三鷹駅南口の市街地	17ha
8	屋久町	鹿児島県	1998.10.30	安房港に面する市街地及びその周辺	110ha
9	遠野市	岩手県	1998.11.5	遠野駅南口を中心とした商業市街地	41ha
10	津山市	岡山県	1998.11.5	中心商業地周辺から津山駅周辺に至る地域	133ha
11	金沢市	石川県	1998.11.5	金沢城址を中心とした藩政期の城下町の区域	860ha
12	町田市	東京都	1998.11.6	町田駅周辺の商業地	103ha
13	呉市	広島県	1998.12.1	呉駅及び中央商店街の周辺市街地	140ha
14	長浜市	滋賀県	1998.12.15	長浜駅東側の商業地及び周辺市街地	125ha
15	天童市	山形県	1998.12.15	天童駅周辺及びその北東の商業・業務・住宅市街地	291ha
16	大垣市	岐阜県	1998.12.21	大垣駅北側の商店街及び駅南の大垣公園、商店街等	168ha
17	神戸市	兵庫県	1998.12.21	新長田駅を中心とした商業地及びその周辺市街地	113ha
18	足利市	栃木県	1998.12.24	足利学校以西・市役所以南の商業市街地	60ha
19	宮崎市	宮崎県	1998.12.25	宮崎駅から市役所に至る商業・業務地及びその周辺	217ha
20	八尾町	富山県	1998.12.25	越中八尾駅から中央公民館に至る商業市街地及び周辺地域	280ha
21	洲本市	兵庫県	1998.12.28	洲本港に面し市役所を中心とする旧市街地	150ha
22	川越市	埼玉県	1999.1.8	川越駅・本川越駅を含む商業市街地及び周辺	233ha
23	彦根市	滋賀県	1999.1.8	彦根城南側の商業市街地及び周辺	150ha
24	沼田市	群馬県	1999.1.8	市中心部にある国道120号沿道の商業市街地	10ha
25	日向市	宮崎県	1999.1.11	日向市駅を中心とした商業地及びその周辺市街地	51ha
26	青森市	青森県	1999.1.11	官公庁地区及びウォーターフロントに囲まれた市街地	117ha
27	恵那市	岐阜県	1999.2.17	JR中央線恵那駅を中心とする商業地域	16ha
28	今市市	栃木県	1999.2.18	今市駅、下今市駅及び上今市駅に囲まれた商業地域	60ha
29	名張市	三重県	1999.2.18	近鉄大阪線名張駅と名張川に囲まれた地域	149ha
30	三次市	広島県	1999.2.18	三好町地区と十日市地区を併せた地域	156ha
31	直方市	福岡県	1999.2.22	直方駅を中心にした遠賀川左岸の市街地　202ha（うち78haは河川敷）	
32	福岡市	富山県	1999.2.26	福岡町北側の市街地	29ha
33	都城市	宮崎県	1999.2.26	都城駅前地区と中央地区とを結ぶ商業地等	160ha
34	相模原市	神奈川県	1999.2.26	橋本駅周辺の市街地	150ha
35	有田町	佐賀県	1999.3.1	有田内山地区の表通り区域と有田駅前区域	85ha
36	塩竈市	宮城県	1999.3.11	東塩釜駅、塩竈神社、塩釜駅、国道45号に囲まれた港奥部を含む区域	200ha
37	三沢市	青森県	1999.3.12	三沢基地に隣接する商業地域	73ha
38	茅野市	長野県	1999.3.12	JR茅野駅周辺の商業地域等	136ha
39	浜北市	静岡県	1999.3.12	浜北駅前再開発事業地区を核とした商業地域等	149ha
40	本荘市	秋田県	1999.3.12	羽後本荘駅、子吉川、本荘公園に囲まれた地域	110ha
41	瀬戸市	愛知県	1999.3.15	尾張瀬戸駅から瀬戸川に沿って東に延びる市街地	105ha
42	岡山市	岡山県	1999.3.15	岡山駅周辺、市役所周辺及び岡山城周辺の市街地	614ha
43	気仙沼市	宮城県	1999.3.15	気仙沼駅から気仙沼港に至る商業地域	50ha
44	山形市	山形県	1999.3.15	山形駅周辺の商業業務地及び霞城公園	235ha
45	福山市	広島県	1999.3.15	福山駅周辺の市街地	87ha
46	石巻市	宮城県	1999.3.15	石巻駅東南部の商業地域等	50ha
47	川内市	鹿児島県	1999.3.15	川内駅周辺及びその西側の川内川、隈之城川に囲まれた市街地	110ha
48	塩尻市	長野県	1999.3.15	塩尻駅北側の商業地域	110ha
49	浜松市	静岡県	1999.3.15	浜松駅を中心とする都心環状線内等の市街地	310ha
50	山口市	山口県	1999.3.15	山口駅北側の商業地、湯田温泉地区及びこれを結ぶ市街地	163ha
51	武蔵野市	東京都	1999.3.15	武蔵境駅周辺の市街地	70ha

99.3.15以降に計画を提出した都市 [北海道] 追分町, 滝川市, 函館市, 岩見沢市, 小樽市 [青森県] 黒石市 [岩手県] 北上市 [宮城県] 古川市, 大河原町 [秋田県] 大館市, 秋田市, 湯沢市, 六郷町, 横手市 [山形県] 鶴岡市, 寒河江市 [福島県] 原町市, 会津若松市, 本宮町, 白河市, 二本松市, 須賀川市, 三春町, いわき市 [茨城県] 結城市, 古河市, 水戸市 [栃木県] 宇都宮市, 鹿沼市, 栃木市, 葛生町 [埼玉県] 川口市 [東京都] 八王子市 [神奈川県] 小田原市, 寒川町, 川崎市, 海老名市 [新潟県] 上越市 (2カ所), 柏崎市 [富山県] 魚津市 [石川県] 七尾市, 小松市 [福井県] 敦賀市, 福井市, 三方町 [山梨県] 大月市 [長野県] 松本市, 須坂市, 飯田市 [岐阜県] 高山市, 多治見市, 岐阜市 [静岡県] 裾野市, 菊川町, 島田市, 島田市, 掛川市 [愛知県] 半田市, 豊川市 [三重県] 桑名市, 上野市, 津市, 伊勢市 [京都府] 園部町 [大阪府] 堺市 [兵庫県] 宝塚市, 加古川市, 三田市, 出石町, 伊丹市, 姫路市, 尼崎市 [奈良県] 橿原市 [和歌山県] 有田市, 和歌山市, 橋本市 [鳥取県] 鳥取市, 日南町, 日野町, 米子市 [島根県] 出雲市 [広島県] 東広島市, 府中市 [徳島県] 徳島市 [香川県] 高松市, 丸亀市 [愛媛県] 松山市, 宇和島市, 伊予三島市, 新居浜市 [高知県] 南国市, 高知市 [福岡県] 久留米市, 飯塚市 [佐賀県] 鹿島市, 武雄市 [長崎県] 佐世保市, 諫早市 [熊本県] 熊本市, 植木町, 矢部町, 山鹿市, 小国町, 宮原町, 人吉市 [宮崎県] 西都市 [鹿児島県] 鹿屋市, 鹿児島市, 国分市, 宮之城町 [沖縄県] 那覇市, 宜野湾市, 石垣市

3. 防災・復興の都市工学

 前節で、オスマンによるパリの大改造のような事業は現代ではほとんど不可能と説明しましたが、災害後の都市工学は少し状況が違います。

 例えば、最近の事例では阪神・淡路大震災後の復興計画があげられますが、より大規模な事例としては、1923年の関東大震災後の復興計画が有名です。また、第二次世界大戦後の戦災復興計画は全国規模で大がかりに進められた復興計画でした。

関東大震災と復興計画

 1923年（大正12年）9月1日午前11時58分、関東地方を巨大地震が襲いました。震源地は相模湾、マグニチュードは7.9です。

 折しも昼食の支度で火器が多数使用されており、至るところで火災が発生しました。風速が強かったことも災いしました。消し止められなかった炎は勢いを増し、やがて、第二次大戦前では世界最大といわれる都市大火となってゆきます。

 なかでも被害が大きかったのが東京と横浜です。死者9万9331人のうち、東京市が5万9065人（うち4万4030人は本所被服廠に避難した人々の焼死）、横浜市が2万3440人と、全体の83%を占めました。焼失面積は東京で3470ha、横浜で990haに及びました。

 復興計画は当時の内務大臣で前東京市長だった後藤新平のもと、震災直後に迅速に立案・決定され、実行されました。この復興計画の最大の目玉は、焼失地となった東京下町で計画・実行された、約3600haに及ぶ土地区画整理事業です。

土地区画整理はもともと郊外部で活用されていましたが、特別都市計画法を制定して既成市街地にも適用できることとしました。反対運動も激化するなか、リーダーの説得や減歩率の緩和（10%以上の減歩分は買い取りとした）によって急速に事業は進み、東京下町の基盤が一新されました（図3-16）。横浜でも890haの土地区画整理事業のほか、ガレキを埋め立てて山下公園を作るなど、市街地の様子は一変しました。

図3-16　東京下町で実施された土地区画整理事業

戦災復興計画

関東大震災は、東京や横浜をはじめとする関東の一部地域の被害にとどまっていたのに対し、第二次世界大戦ではアメリカ軍の都市空襲等によって全国に被害が及び、何らかの被害を受けた都市は215にのぼりました。これらのうち比較的被害が大きかった都市は「戦災都市」に指定されましたが、その数115、罹災区域は6万3153ha、死者も約33万人にのぼりました（図3-17）。

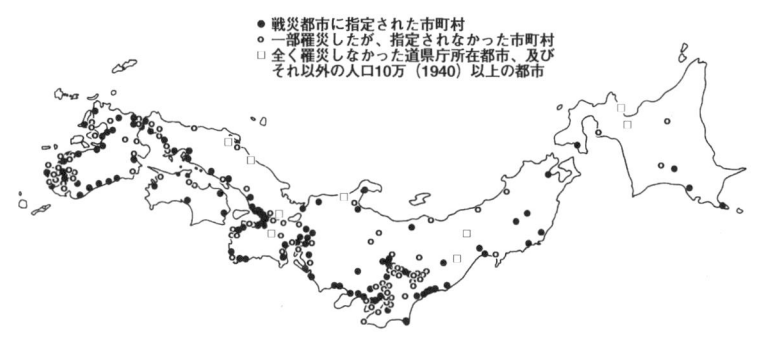

図3-17 戦災による被害と戦災都市の指定

敗戦の年（1945年）の暮れには「戦災復興都市計画の基本方針」が定められ、この基本方針に沿って各都市の復興計画づくりが本格化します。

関東大震災後の復興計画が土地区画整理事業を基本としていたように、戦災復興計画においても、各都市の都心部を中心に多くの土地区画整理事業が実施されました。なかでも、「100メートル道路」の完成した名古屋市、広島市の例などが有名です。今日、都心部一帯が区画整理されている地方都市の多くは、戦災復興事業による成果を受け継

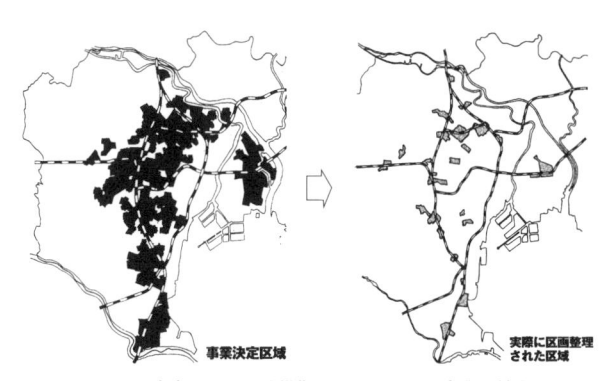

図3-18 東京における戦災復興土地区画整理事業の縮小

いでいると考えてよいでしょう。

ただし、東京だけは例外です。当初計画された約2万haのうち、事業決定されたのは半分の1万haにとどまりました。さらに、財政状況が厳しくなると事業予算はカットされ、時間の経過とともにバラックが建ち並んで事業実施が困難になり、最終的に区画整理が実施できたのは当初計画の7%弱（1320ha）にとどまってしまいました（図3-18）。

江東地区防災拠点

災害が起こったあとの復興計画と違って、災害が起こる前に予防的な対応をすることを「防災」といいます。「減災」と表現する人も少数いますが、要は、事前に備えていれば被害も軽減されるだろうとの考えに基づきます。その方法は様々ですが、ここでは、関東大震災の大火による被害を二度と繰り返したくないという思いから立案された「江東デルタ地帯防災都市計画」を学習しましょう。

東京下町の一角を占める「江東デルタ地帯」は、その名が示すように、隅田川や江戸川河口の軟弱地盤上に位置する地帯で、その上に住宅と工場が混在しながら密集し、火災時の危険性が特に高い地域の1つとされていました。1923年の関東大震災では、しっかりした避難場所がなかったために多数の犠牲者を出したという被災の記憶も強く残っていました。

そこで、東京都は1969年（昭和44年）、江東デルタ地帯に避難場所としての拠点、すなわち防災拠点を整備する構想を発表します。

この計画では、広域避難場所となる大公園を6箇所整備し、それらの周辺を耐火建築物で囲むことで、都市大火が起こってもそこに避難すれば人命が助かることを目標としました（図3-19）。6箇所の拠点を合わせると面積は547ha（河川敷44ha含む）に達し、123〜175万人の避難者を受け入れることが可能です。

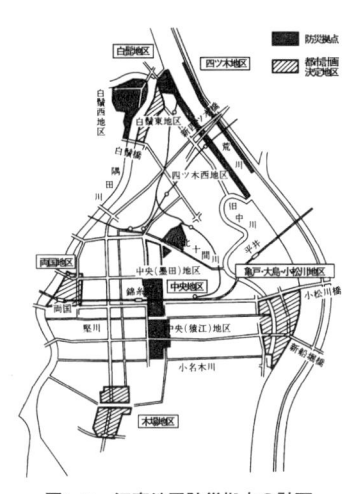

図3-19　江東地区防災拠点の計画

　これら6箇所の整備を実際に進めるために、市街地再開発事業をはじめとする様々な事業手法が導入され、進捗状況には差があるものの、次第に拠点の姿が現れはじめています。

　例えば木場地区（75ha）は、古くから運河沿いに木材関連産業が集積したエリアでしたが、臨海部を新たに埋め立てて造成した「新木場」地区にこれらを移転することで跡地を生み出し、ここに「昭和記念木場公園」（24.2ha）をはじめとする拠点整備を進めています。

　近年では、こうした広域避難を前提とする防災計画から一歩進めて、もっと生活に身近な小学校区くらいの単位での計画が進められています。その1つのきっかけになったのが阪神・淡路大震災でした。

阪神・淡路大震災の復興計画

1995年1月17日の阪神・淡路大震災は、午前5時46分という早朝に起こったこと、冬場にもかかわらず風速がかなり弱かったこともあって、火災による延焼面積は65ha程度にとどまりました。しかし、大都市神戸が震度7という激震に見舞われた結果、木造家屋を中心に大きな倒壊被害が出ました。死者6000余人の多くは圧死によるものでした。しかも、戦前に形成された「インナーシティ」と呼ばれる既成市街地には高齢者や低所得者が割合高く住んでいて、被害の多くはそうした弱者に集中したのです。

震災復興計画として区画整理事業や再開発事業が計画されたのは、被害が特にひどかった地域のうち、整備の必要性が高い地区約268haに限られました（5市1町）。その他の地域は、地区の状況に応じて柔軟に個別事業を展開していく方法などがとられました。

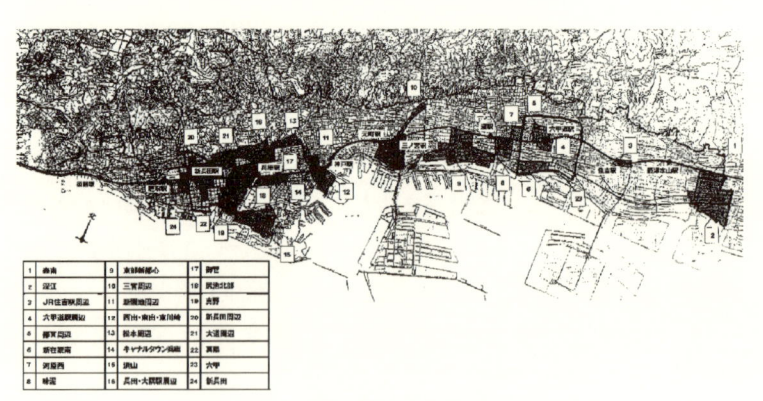

図3-20　阪神・淡路大震災後の復興計画（神戸市）

図3-20に神戸市に限った状況を示します。被害が集中したベルト状の市街地の中に、復興を重点的に行う「重点復興地域」を24箇所、

1225ha設定しています。そのなかでさらに、5地区124.6haの土地区画整理事業地区と、2地区25.9haの再開発事業地区が設定されていて、大がかりな復興事業が進行しています。

図3-21は、地区全体が焼失した松本地区の復興計画を示したものです。この地区では土地区画整理事業が導入されていますが、事業自体はあくまで復興のための手段であり、どのようなまちに再生していくかについては、地元住民で「まちづくり協議会」を作って継続的な検討がなされています。

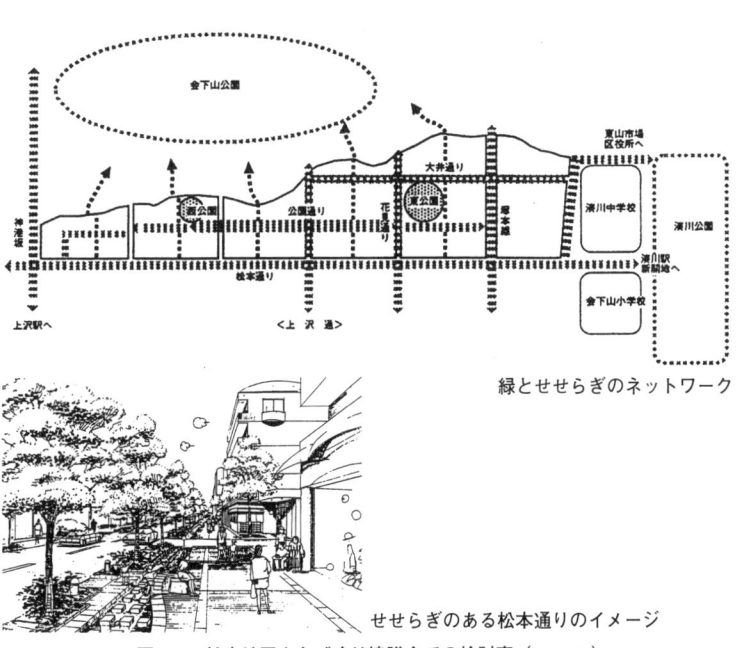

緑とせせらぎのネットワーク

せせらぎのある松本通りのイメージ

図3-21　松本地区まちづくり協議会での検討案（1995.12）

防災の都市工学

　阪神・淡路大震災の直後あるいは1年後くらいまでは、防災に対して全国レベルの高い関心がありましたが、2年、3年と経過すると、みるみるうちにそれは冷めていきました。人間は結構いいかげんなもので、「うちにはこないだろう」「今年も大丈夫だろう」と皆が思っています。しかし、「災害は忘れた頃にやってくる」のです。だからこそ、災害に備えること、すなわち防災の都市工学は重要なのです。

　阪神・淡路大震災のときも、広幅員の道路や公園が「焼け止まり線」となりました。また、日頃整備を進めていた小公園が救援活動の拠点として使われたり、応急仮設住宅用地に充てられて、被害や苦労の軽減に役だったのです。また、日頃見過ごしていた古井戸や用水が、飲料水としては使えなくても雑水として使われたことが各地から報告されています。

　このように、防災といっても、広幅員道路から小公園、さらには日頃気づかなかった地域資源に至るまで、考えるべき要素は多様です。日常的に行うべきこと、行えることも多いのです。

　近年ではさらに、地域危険度評価や被害予測などを行政が中心となって行うとともに、そうした情報を積極的に公開し、市民一人一人が自覚をもって都市工学にかかわることが求められています。

　なお、日本には地震のほかに台風や水害、火山活動による被害など、様々な災害の危険があります。なかでも沖積平野に立地することの多い日本の都市は、水害との長い闘いの歴史をもっています。また、森林が開発されると保水力が低下し、降った雨が一気に河口まで流出するなど、都市化は都市の脆弱性をさらに増大させる要因にもなっています。地域の特性を知り、自然と共存できる都市づくりをすることが、防災の最も基本となるべきなのです。

4. 歴史環境を育む都市工学

　都市の拡大を制御したり、都市の再編を促したり、防災・復興計画を立案・実行したりと、これまで説明してきた都市工学は、やや機能一辺倒の内容だったかもしれません。

　都市にはそれぞれの歴史や文化があり、それらこそが都市を個性的に、また、快適にしていることを考えると、さらにそうした観点からの都市工学についても学んでおく必要があります。

古都保存法

　何事も、危機が訪れないとその良さを守ろうとする力が働かないものです。日本の都市の歴史的環境も例外ではありませんでした。

　日本は戦後しばらくの間、高度経済成長を経験しますが、その結果として各地で公害問題が深刻になり、貴重な歴史的環境も開発の波に洗われる事態に直面していました。

表3-4　鎌倉の古都保存の歩み

1960年頃	昭和の「鎌倉攻め」といわれる宅地ブームが始まる.		会, 民社3党共同の議員提案方式による立法化を強く要請し, 関係国会議員も了承, 3党共同第1回古都保存常任世話人会開催.
1964年	1月	御谷（おやつ）騒動.	
	~12月	市民を中心に古都を守る運動が世論を盛り上げる.	
			12月 23日第51回通常国会に超党派の議員立法として法案提出. 29日可決, 成立.
1965年	1月	山本鎌倉市長が京都, 奈良を訪問, 古都保存問題について懇談.	1966年 1月 13日古都における歴史的風土の保存に関する特別措置法公布.
	3月	関係都市自民党国会議員有志で「古都保存世話人会」結成. 第1回世話人会開催.	4月 15日同法施行.
			12月 歴史的風土保存区域695haを指定.
	5月	神奈川県, 奈良県, 京都市, 奈良市, 鎌倉市の首長等により第1回古都保存連絡協議会開催. 古都保存を目的とする立法措置推進を決議して関係国会議員に要望.	1967年 3月 歴史的風土特別保存地区226.5haを指定.
			1973年 2月 歴史的風土保存区域248haを拡大.
			1975年 4月 歴史的風土特別保存地区39haを拡大.
			1986年 12月 歴史的風土保存区域13haを拡大.
	8月	第2回古都保存連絡協議会を開催. 自民, 社	1988年 6月 歴史的風土特別保存地区305.1haを拡大.

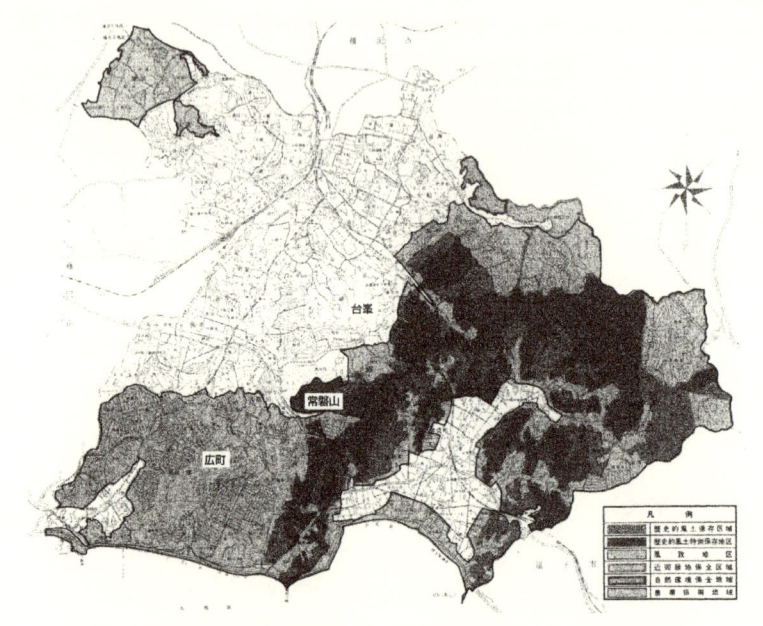

図3-22　鎌倉市歴史的風土保存区域及び歴史的風土特別保存地区の指定状況

　そんななか、1963年、古都鎌倉の鶴岡八幡宮の裏山に宅地造成が計画されます。これを阻止するため、「鎌倉風致保存会」がナショナル・トラスト運動を起こしました。この運動は、開発予定地を市民の寄付等によって直接買い取ることで、開発の波から貴重な資源を守ろうとするものです（詳しくは次節参照）。翌1964年には京都駅前に計画された「京都タワー」をめぐって反対運動が起こり、奈良市では奈良県庁舎の建設などが問題になりました。奈良や京都はその歴史的環境の国際的価値から、第二次大戦のアメリカ軍の空襲からもはずされた経緯があります（図3-17参照）。

　これらの動きの結果、1966年に制定されたのが「古都保存法」でした。法律の目的（第1条）を見てみましょう。

> この法律は、わが国固有の文化的資産として国民がひとしくその恵沢を享受し、後代の国民に継承されるべき古都における歴史的風土を保存するために国等において講ずべき特別の措置を定め、もつて国土愛の高揚に資するとともに、広く文化の向上発展に寄与することを目的とする

やや仰々しい表現もありますが、その分、改めて資産としての「古都」の重要性を再認識させられます。この法律が対象とする「古都」とは、京都市、奈良市、鎌倉市のほか、政令で定められた天理市、橿原市、桜井市、斑鳩町、明日香村です。

では、「歴史的風土」とはいったい何でしょうか。法律の条文を読むのは退屈ですが、重要な点なので、以下に引用します。

> わが国の歴史上意義を有する建造物、遺跡等が周囲の自然的環境と一体をなして古都における伝統と文化を具現し、及び形成している土地の状況をいう

なるほど。古都保存法のきっかけとなった鎌倉の鶴岡八幡宮裏の宅地造成は、せっかく自然と一体となって醸し出されている八幡宮の雰囲気を壊すがゆえに反対運動が起こったこと、古都保存法によってそうした開発から古都の歴史的風土を守ろうとしていることが理解できます。

では、「古都における歴史的風土を保存するために国等において講ずべき特別の措置」とはいったい何でしょうか。

法律では、「歴史的風土保存区域」と「歴史的風土特別保存地区」という2段階のエリア設定を可能としています。このうち、前者の区域に指定されると、建築物の新築や一定規模以上の改築・増築を行おうとする場合や、一定高さ・太さ以上の木竹の伐採を行う場合などに府県知事への届け出が必要となり、知事は歴史的風土保存のために必要な助言または勧告を行うことができます。

さらに、「歴史的風土特別保存地区」が指定されると、同様の行為に対して府県知事の許可が必要となります。「許可」というのは単に「届け出」るのとは違って、「不許可」となる可能性を含む強い措置です。そのかわり、不許可となって損失を生じた場合には補償を受けることができ、また、そのようにして利用できなくなった土地を府県が買い取るよう請求することもできます。しかし逆に、許可なく先の行為を行った違反者に対しては、府県知事は現状回復命令を出すことができます。

このように、「特別の措置」はかなり強力なものです。特に「特別保存地区」における許可、補償、買い取り請求、現状回復命令といった一連の手続きは、対象となる地区が極めて貴重な国民共通の財産であることによるものです。

表3-5に、1998年現在の古都保存法の地区指定状況を示しました。ちなみに、京都における1966年度から93年度に至る28年間の補償額は136億円（国費80%）に及んでいることが報告されています。

表3-5 古都保存法適用都市および地区一覧

	歴史的風土保存区域		歴史的風土特別保存地区	
鎌倉市	5 地区	956.0 ha	13 地区	570.6 ha
京都市	8	5995.0	12	1437.5
奈良市	3	2776.0	6	1770.0
斑鳩町	1	536.0	1	80.9
天理市	1	1060.0	2	82.2
桜井市	3	1226.0	1	304.0
橿原市	1	426.0	4	222.0

京都における古都保存

では、その京都を例にとって、古都保存法も含めた各種措置によって、いかに「古都」が守られているかを見ていきましょう。

図3-23は京都にかかっている諸規制等を示したものです。

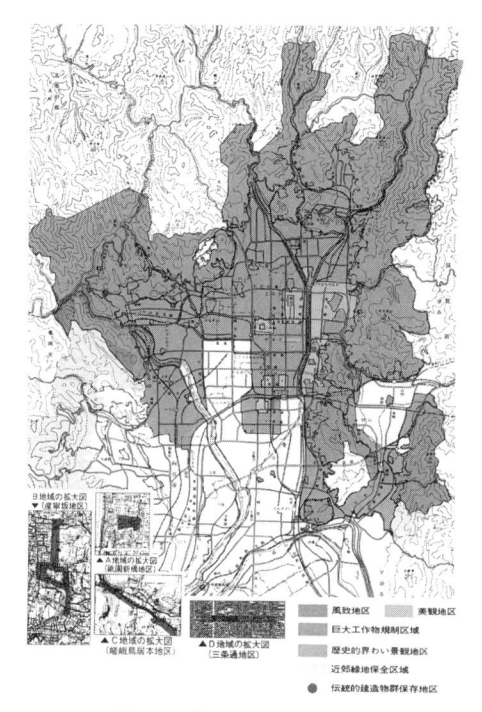

図3-23　京都にかかる諸規制等

①風致地区

　歴史的風土に限らず、自然景観を守る手だてとして「風致地区」があります。「風致」という聞き慣れない言葉を辞書で引くと、「おもむき。あじわい」とあります。「風致地区」も辞書に出ていて、「自然の風致の維持を目的として都市計画区域内に特に指定された地区」とあります（以上、広辞苑）。

　1919年（大正8年）の旧都市計画法に位置づけられて以来、全国の自治体で主として都市的な自然環境を保全するために使われてきましたが、京都においても1930年（昭和5年）から広く指定されています。

具体的な規制内容は都道府県の条例によって規定され、宅地の造成や木竹の伐採等に知事の許可が必要になるほか、建物高さ等に制限が加えられます。

　1985年現在、指定面積は市域の1/4にあたる1万4300haに及んでいます。

②歴史的風土保存区域と歴史的風土特別保存地区

　古都保存法による「歴史的風土保存区域」は風致地区に一部重なりながら、京都市街地に隣接する部分約6000haに指定されています。これらのうち特に重要な部分約1500haには「歴史的風土特別保存地区」が指定されています。

③美観地区、工作物規制区域、巨大工作物規制区域

　以上の①と②が主として歴史都市京都の「背景」となる自然的景観を守るための規制であるのに対して、市街地の景観を保全するために指定されているのが「美観地区」「工作物規制区域」「巨大工作物規制区域」です。

　「美観地区」は①の「風致地区」と同じく都市計画法に位置づけられた地区の一種で、建物が立ち並ぶ市街地の美観を維持するために定めるものです。しかしこれだけでは華美な看板などの乱立を規制できないので、京都市では独自の景観条例に基づいて「工作物規制区域」を美観地区に重ねて指定しています。御所や二条城、東西本願寺などの大規模な歴史的建造物の周辺や、鴨川両岸、さらには鴨川から東山の間の地域約900haが対象です。

　「巨大工作物規制区域」も景観条例に基づく地区指定ですが、残りの市街地一帯約6100haにかけられています。これは、京都タワーやNTT電波塔のような巨大工作物によって京都の景観が破壊されないよ

うにと、過去の苦い教訓に基づいて制定され指定されたものです。

④重要伝統的建造物群保存地区

　歴史的建造物が集積し、その保存を面的に図るべき地区においては「重要伝統的建造物群保存地区」がかけられています。この地区は略して「伝建地区」と呼ばれ、街並み保存運動が高まりをみせた1975年に文化財保護法を改正して創設された制度です。1998年現在、全国で49箇所が指定されています（表3-6）。

表3-6　重要伝統的建造物群保存地区

道府県	地区名称	種別	選定基準	道府県	地区名称	種別	選定基準
北海道	函館市元町末広町	港町	(3)	兵庫	神戸市北野町山本通	港町	(1)
青森	弘前市仲町	武家町	(2)	奈良	橿原市今井町	寺内町・在郷町	(1)
秋田	角館町角館	武家町	(2)	島根	大田市大森銀山	鉱山町	(3)
福島	下郷町大内宿	宿場町	(3)	岡山	倉敷市倉敷川畔	商家町	(1)
千葉	佐原市佐原	商家町	(3)	岡山	成羽町吹屋	鉱山町	(3)
新潟	小木町宿根木	港町	(3)	広島	竹原市竹原地区	製塩町	(1)
富山	平村相倉	山村集落	(3)	広島	豊町御手洗	港町	(2)
富山	上平村菅沼	山村集落	(3)	山口	萩市堀内地区	武家町	(2)
福井	上中町熊川宿	宿場町	(3)	山口	萩市平安古地区	武家町	(2)
山梨	早川町赤沢	山村・講中宿	(3)	山口	柳井市古市金屋	商家町	(1)
長野	東部町海野宿	宿場・養蚕町	(1)	徳島	脇町南町	商家町	(2)
長野	南木曽町妻籠宿	宿場町	(1)	香川	丸亀市塩飽本島町笠島	港町	(3)
長野	楢川村奈良井	宿場町	(1)	愛媛	内子町八日市護国	製蝋町	(1)
岐阜	高山市三町	商家町	(1)	高知	室戸市吉良川町	在郷町	(2)
岐阜	岩村町岩村本通り	商家町	(3)	福岡	甘木市秋月	城下町	(2)
岐阜	白川村荻町	山村集落	(3)	福岡	吉井町筑後吉井	在郷町	(2)
三重	関町関宿	宿場町	(3)	佐賀	有田町有田内山	製磁町	(3)
滋賀	大津市坂本	里坊群・門前町	(3)	長崎	長崎市東山手	港町	(2)
滋賀	近江八幡市八幡	商家町	(3)	長崎	長崎市南山手	港町	(2)
京都	京都市上賀茂	社屋町	(3)	宮崎	日南市飫肥	武家町	(2)
京都	京都市産寧坂	門前町	(1)	宮崎	日向市美々津	港町	(2)
京都	京都市祇園新橋	茶屋町	(1)	鹿児島	出水市出水麓	武家町	(3)
京都	京都市嵯峨鳥居本	門前町	(3)	鹿児島	知覧町知覧	武家町	(3)
京都	美山町北	山村集落	(3)	沖縄	竹富町竹富島	島の農村集落	(3)
大阪	富田林市富田林	寺内町・在郷町	(1)				

重要伝統的建造物群保存地区選定基準
伝統的建造物群保存地区を形成している区域のうち次の各号の一に該当するもの
(1) 伝統的建造物群が全体として意匠的に優秀なもの
(2) 伝統的建造物群及び地割がよく旧態を保持しているもの
(3) 伝統的建造物群及びその周囲の環境が地域的特色を顕著に示しているもの

　修学旅行などで必ず訪れる清水寺近くの「産寧坂地区」も伝建地区の1つで、京都市にはその他4箇所に指定されています。

⑤高度地区による高さ規制

　さらに、建物の高さを一定限度に抑えるため、「高度地区」が指定されています。この「高度地区」も都市計画のなかで定めることができる地区の一種です。高度地区には、最低の高さを規制する「最低限高度地区」と最高の高さを規制する「最高限高度地区」がありますが、京都で重要なのは「最高限高度地区」です。

　一般の都市では建物の高さはさほど問題になりませんが、京都は例外です。1つのビルによって、京都の山並みや歴史的景観が台無しになり得るからです。

⑥規制だけで京都の街並みは守れるか？

　実は、今まであげた①〜⑤以外にも様々な規制制度が京都を守っています。しかし、規制だけで京都の街並みは守れるのでしょうか。

　答えは否です。例えば、京都の都心部には数多くの古い町家が残っていますが、ビルへの建て替えも著しく、歴史的資産がどんどん減少しています。そればかりか、新たなビルやマンションは高く、道路からセットバックして建てられるために街並みの連続性を著しく壊してしまいます。

　一方、街区内部に引き込まれた「袋路」と呼ばれる細い通路沿いに建つ住宅の多くが、建築基準法上の接道条件（一定幅員の道路に接していないと建物が建てられない規定）を満たさないために、建て替えることができず老朽化していく問題もあります。

　さらに大きな課題としては、京都の町自体の活力低下問題も見逃せません。例えば、ビル化によって歴史的街並みが壊されていく問題も、単にそれを規制するのでは、活力を削ぐ可能性があります。重要な要素については強い規制手段をとるとしても、新たな街並み形成に向けて市街地像を提案・実現していくことも重要なのです。

第3章　都市を方向づける　103

　図3-24は、「新町家」の名称で建てられた中層複合ビルの例です。低層部の1階と2階は街並みの連続性を重視して町家風とし、店を構えています。3階以上は街並みを乱さないようにセットバックさせ、住宅を配置していますが景観上の配慮もなされています。

　まだまだこうした試みは始まったばかりですが、歴史的資産を未来に引き継いでいくためには、こうした一つ一つの取り組みも極めて重要なのです。

図3-24　「新町家」による京都の街並みの継承（設計：吉村篤一＋建築環境研究所）

歴史的建造物の保全・活用

　都市における歴史的資産は、自然と一体となったり固まって存在するもののみが重要であるわけではありません。

　あなたが普段まちを歩いていて出会う歴史的建造物は、それ自体がとても印象的です。また、まちの一角にそうした歴史資産が建っているその構図全体が「絵になる」場合もあります。

　しかし、市街地に建つこうした歴史的建造物は、日々、開発の圧力

にさらされているのです。一例として、開発圧力の極めて強い東京の例を見てみましょう。1935年に発行された『建築の東京』に掲載された歴史的価値のある近代建築451件のすべてを踏破した松葉によれば、1988年で214件のみが残り、97年に再度踏査すると153件に減少していました。50年で半分、さらに「バブル期」をはさむ約10年でまた1/4が減少しているのです（松葉一清『帝都復興せり！』朝日文庫、1997）。

横浜における歴史的建造物保存の試み

　1923年（大正12年）の関東大震災によって甚大な被害を受けた横浜ですが、その後の復興過程で、数多くの特徴ある近代建築が建てられ

趣のある歴史的建造物

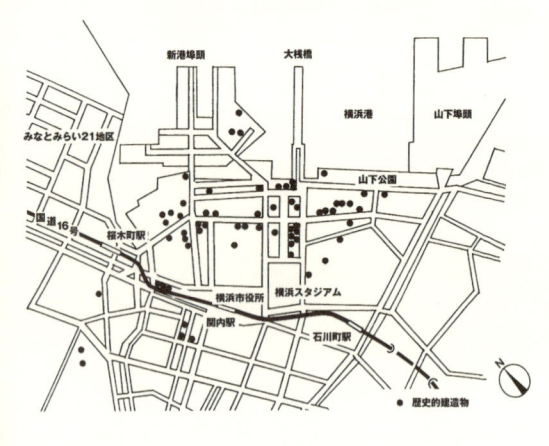

壁面保存の例

図3-25　横浜都心部の歴史的建造物（撮影／筆者）

ました。そうした近代建築は固まって存在するわけではありませんが、横浜の都心部を特徴づけていることから、横浜市では、1988年度より「歴史を生かしたまちづくり事業」を実施しています。この事業では、歴史的建造物をその価値に応じて「登録」「契約」「認定」の3種類に分け、助成その他の手段を通して貴重な資源の保全・活用を図っています（図3-25）。

5. 自然と共生する都市工学

　1990年代になって地球環境の大切さが叫ばれるようになりましたが、すでに100年前、ゲデスは自然と共生する都市工学の重要性を訴えていました（第2章）。ゲデスの活躍したエジンバラに行くと、今日においても自然環境にとけ込み、歴史的建造物に包まれた美しい風景に出会うことができます。第1節で説明したグリーンベルトもこの町を取り巻いています。

　こうしたイギリスの美しい風景は、自然がもたらしてくれた恵みというよりも、人々が国土に対してどのように接してきたかの表れなのです。ゲデスの育ったイギリスの自然について考えたあと、日本の事例を見てみましょう。

ナショナル・トラスト

　イギリスが産業革命を経験し、都市に人口が集中して都市問題が深刻化するなかで近代都市計画が芽生えてきたことは、第1章で説明しました。こうした都市化や開発の結果、イギリス国民が誇りにしてきた美しい自然や歴史的環境が次々に破壊されていきます。

また、「囲い込み（エンクロージャー）」という言葉を知っている人も多いと思いますが、都市住民の食糧需要に応えるために進んだ「第二次エンクロージャー」の結果、「コモン」と呼ばれる共有地などが失われる危機に直面しました。囲い込みへの反対運動も起こるのですが、反対運動だけでは限界が明らかでした。それを乗り越えるための様々な試みも行われましたが、なかなか大きな力を結集するまでには至りませんでした。

　こんななか、弁護士のロバート・ハンター卿、社会事業家のオクタビア・ヒル女史、牧師のハードウィック・ローンスリー氏が長年かけて構想・準備し、1894年に設立したのが「ナショナル・トラスト」でした。

　ナショナル・トラストは、国民のために土地と建物を買い取り保管することを目的として、1895年に非営利法人（NPO）となり正式に発足しました。同年、さっそくウェールズ地方の海辺の町近くの崖地4.5エーカー（1.8ha）が寄贈されます。その後も寄贈と買い入れによってこの運動は順調に拡大していきました。1970年には25万人だった会員数も環境問題への関心の高まりとともに飛躍的に伸び、1991年現在で215万人を超えるほどになりました。入手して保護している土地は大阪府とほぼ同じ面積の22万9334haに達しています。

天神崎ナショナル・トラスト

　可住地の限られた日本では、開発の圧力は圧倒的に強く、自然が次第に失われつつあります。とりわけ、都市が爆発的に拡大した1960年代から70年代にかけて、各地で様々な問題が起こりました。前節で紹介した古都鎌倉もその一例ですが、鎌倉の場合、その歴史的環境は日本全体の財産ともいえるものであるため、その後の展開は、古都保存法という特別な法律を後ろ盾にしたものとなりました。

しかし、さほど注目されない自然環境が開発の波に洗われそうになったとき、なかなかそれを守れないのが普通です。

和歌山県田辺市にある天神崎もそうした普通の自然空間でした。その変化のきっかけは1974年に、天神崎を高級別荘地として分譲する開発申請が和歌山県に出されていることを地元市民が知ったことに始まります。

天神崎は一級の自然とはいえず、地域全体も国定公園のレベルにすぎませんでした。しかし、岬一帯は以前より市民の憩いの場として親しまれており、開発申請を知った市民は「天神崎の自然を大切にする会」を結成します。そして、1万6000名の署名を集めて地元の田辺市、

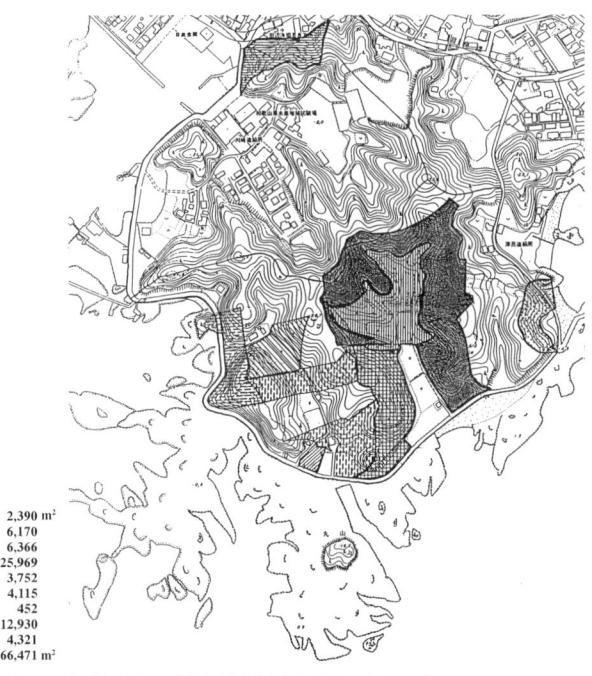

第1次買い上げ	2,390 m²	
第2次買い上げ	6,170	
第3次買い上げ	6,366	
第4次買い上げ	25,969	
第5次買い上げ	3,752	
第6次買い上げ	4,115	
第7次買い上げ	452	
第8次買い上げ	12,930	
第9次買い上げ	4,321	
合計	66,471 m²	

図3-26　田辺市天神崎のトラストによる買い上げ箇所

和歌山県に陳情する一方、自らの熱意を示すべく募金を始め、1976年には第一次買い上げ（2390m^2）を行うまでになりました。その後も募金活動は続けられ、途中から田辺市や和歌山県も支援に乗り出します。

こうした努力の結果、1996年までに6万6471m^2がトラストの保護下に入りました。トラストが買い上げたいと考える緑地はまだまだ残っていますが、点にすぎなかった買い上げ地は線となり、面となって、次第に効果をあげつつあります（図3-26）。

一方、全国各地で様々な取り組みが蓄積されて、1983年には「ナショナル・トラストを進める全国の会」の第1回全国大会が開催されるまでになりました。さらにこの会は1992年に㈳日本ナショナル・トラスト協会へと発展しています。

帯広の森：グリーンベルトを創る

市民が主体となって自然を大切にする内外の取り組みを最初に紹介しましたが、もちろん、行政の仕事として、自然環境に恵まれた都市を育てていくことも重要です。天神崎の場合も、途中から支援に乗り出した行政の役割も大きくなっています。

帯広市では1971年頃から「帯広の森」を構想し、その実現に努めています。日本版「グリーンベルト」ともいえるこの森は、幅が約550m、面積402.5haの巨大な森です（図3-27）。

総事業費は100億円、事業期間100年という、一自治体としては「気の遠くなるような」大事業ですが、1973年に市議会で可決されて以来、市民ぐるみの植樹祭などの成果もあって、1992年までに38％の造成を終えています。造成に必要な土地の買収も71％に達しています。この事業はさらに25年を要し、事業後も、森として完成するためにはかなりの歳月を要すると考えられています。

図3-27　帯広の森

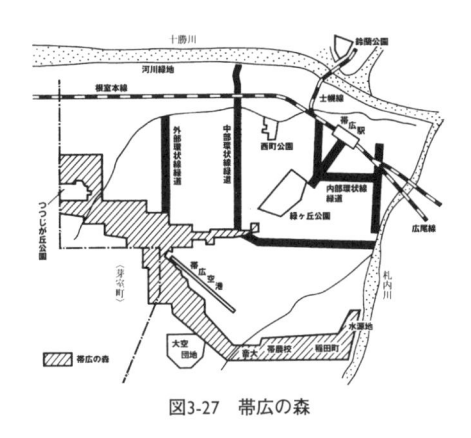

市民の森：緑の拠点を創る

　大都市部においても自然を残すべく様々な試みがなされていますが、帯広の森のように土地を買収して整備することは極めて困難です。そればかりか、大都市地域では多くの貴重な樹林地や斜面緑地が相続などを契機に手放され、それが売却されてマンションなどの分譲住宅地になることが多いのです。

　横浜市では、市内の森を所有する土地所有者の協力のもと、拠点となる森を「市民の森」として整備し、市民に開放しています。この制度は、市が地主から土地を借りて借地料を支払い、市は地主の同意のもとに森を整備します。この過程で市民参加のワークショップなどを開いて、市民にとって使いやすく、効用を高める森づくりを進めています。また、整備後の管理も「市民の森愛護会」という市民組織に委託しています。こうして、土地を買い上げることなく、都市内の貴重な緑を市民が利用することを可能にしているのです（表3-7、図3-28）。

地区名	面積(ha)	うち市有地	指定年月	区域区分	地権者数
飯島	5.8	1.2	1972. 4	市街化区域	10
上郷	4.6	2.5	1972. 4	市街化区域	5
下永谷	6.3	1.3	1972. 4	市街化区域	11
三保	32.9	0.7	1972.11	調整区域	18
釜利谷	9.3	1.3	1972.11	調整区域	11
峯	11.7	0.0	1974.10	調整区域	16
獅子ヶ谷	18.5	5.0	1975. 4	調整区域	37
瀬谷	18.8	0.7	1975. 4	調整区域	29
氷取沢	45.4	24.2	1975. 4	調整区域	37
金沢	87.5	7.9	1977. 1	調整区域	2
小机城址	4.6	0.5	1977. 3	市街化区域	20
瀬上	45.2	19.8	1978. 3	調整区域	37
称名寺	9.6	6.1	1979. 2	調整区域	8
熊野神社	4.7	0.2	1980. 3	市街化区域	16
豊顕寺	2.3	0.0	1982. 3	市街化区域	1
まさかりが渕	6.4	0.0	1984. 3	調整区域	22
ウイトリッヒ	3.1	2.9	1986.11	市街化区域	2
矢指	5.1	0.2	1989. 3	調整区域	4
綱島	5.1	0.2	1990. 3	市街化区域	15
追分	28.9	1.6	1992. 1	調整区域	30
南本宿	5.7	0.1	1994. 3	調整区域	15
公田荒井沢	5.7	0.0	1995. 4	調整区域	11
三保第2	6.3	0.0	1995. 7	調整区域	40
総計	373.5	76.4		平均	17

表3-7 横浜市「市民の森」一覧

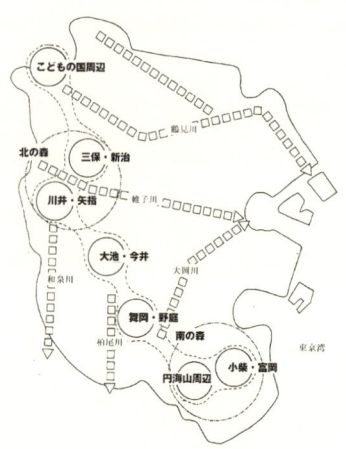

図3-28 横浜市「緑の7大拠点」

市街地の緑を増やす

　以上の例は、都市のなかといってもまとまった緑のある一部の区域に限った話です。今日、市街地には建物が立ち並び、大都市では「ヒート・アイランド現象」(第4章5節)なども起こっています。各都市では様々な方法によって一般市街地の緑を増やす努力をしています。

　表3-8は、一例として、横浜市における「緑化の推進」に関する施策の一覧を示したものです。ちなみに、横浜市の緑政関連施策は「緑の保全対策」と「緑化の推進」の2本柱になっていて、さきほど紹介した「市民の森」や、前節で出てきた「風致地区」の指定などが前者の保全対策に位置づけられています。

　表3-8の内容の多くは、たぶんどの都市でも一般的に行われているものです。1つだけ注目するとすれば、2番の「緑化奨励事業」のなかの「緑の環境をつくり育てる条例」です。京都市の場合もそうでしたが、国の定める法律だけでは地域の特性に根ざしたまちづくりが行え

ないため、各都市ではそれぞれ工夫して条例を定めています。この条例は横浜市が1973年に制定して以来、拡充しながら運用しているもので、緑の保全や維持管理も含めて効果をあげています。

表3-8 横浜市における「緑化の推進」施策

1. 市街地緑化事業
   (1) 緑のプロムナード事業——街路、駅前広場、河川等の遊歩道の緑化
   (2) 公共施設緑化事業——学校・地区センター等の公共施設の緑化
   (3) 街路緑化事業——街路樹の新植・補植及びグリーンベルトの設置
   (4) 街路樹・植樹帯クリーンアップ事業——街路樹・植樹帯の維持管理
   (5) 街路樹診断事業——山下公園通り等の治療や改良
2. 緑化奨励事業
   (1) 工場等緑化指導——「緑の環境をつくり育てる条例」に基づく工場等の緑化指導
   (2) 公共施設緑化協議——「緑の環境をつくり育てる条例」に基づく国、県含む施設の緑化協議
   (3) 人生記念樹配布事業——民有地の緑化促進のため人生の各種記念の苗木を配布
   (4) 緑の相談所事業——市内各所に相談所を設けて緑化・園芸等の相談
   (5) よこはま花と緑のスプリングフェア——毎年春に横浜公園・山下公園にてフェアの開催
   (6) 緑地協定事業——都市緑地保全法に基づく緑地協定地区の拡大を図る
3. 花やぐ横浜事業——主要駅前、道路及び公共施設を花で飾る
4. こども植物園事業——南区にあるこども植物園の管理運営等
5. その他緑化推進事業——その他の様々な活動

6. 行政の役割について

これまで、「都市を方向づける」観点から、公共の仕事としての都市工学を様々な角度から学習してきました。

前半では、都市の「拡大」を制御するとともに、土地利用の転換や都市自体の盛衰に合わせていかに都市の「再編」を促すか、また、大地震等の災害後に、その「復興」を的確に方向づけるかを学びました。一歩進んで、「防災」の都市工学の重要性についても学習しました。

また、後半では、「歴史・文化」「自然」など、その都市にとっての貴重な資源を守り、育て、活用しながら、その都市の特長を伸ばしていくための様々な制度や方法について学びました。

本章では都市工学を「公共の仕事」という観点から見ていますが、これが必ずしも「行政に任せておけばよい」という意味でないことは、これまでの事例等を通して理解できたのではないかと思います。特に、古都保存法の制定過程やナショナル・トラスト運動のように、それぞれの時代の都市問題に直面した市民の盛り上がりが先にあり、それがやがて法律の制定に結びついたり行政を動かしていった例は、今後の都市工学を考えるうえで示唆に富んでいます。

　また、都市工学の場面には、行政以外の様々な関係者が登場します。「線引き」の際には、地主や農業団体と行政とのやりとりが中心でした。災害によって倒壊・焼失したとはいっても、それぞれの土地には地主や被災住民がいて、行政の一方的な計画が通る時代ではありません。

　とはいえ、都市工学のフレームを与え、方向づける公共の役割を抜きにすると、なかなか問題が解決しないのも事実です。例えば、京都の歴史的環境を守るための歴史的風土特別保存地区や風致地区、美観地区などの地区指定がなければ、問題は複雑化する一方で、その解決には多大なエネルギーが必要になるでしょう。

　つまり、本章で学習した都市工学は、都市レベルで起こる様々な現象や課題に対して、主として行政が中心になって、計画や諸制度や資金を用いながら、公共の立場に立って対処していく、という共通点をもっていました。この場合、公共イコール行政というわけではありませんが、都市全体の動態に働きかけたり大きな課題に対処するためには、公共的立場を代表する行政がとりあえず中心となって、様々な主体に働きかけたり、主体間の調整を行うことで都市を方向づけることが必要になるのです。

―――――――――――――――＜演習問題＞―――――――――――――――
- あなたの身近な都市や地区を取り上げ、地図やデータを用いてその成長・拡大・変容のさまをとらえてみましょう。
- あなたの身近な都市や地区を取り上げ、その特徴や問題点を整理したうえ、将来、どのようなまちづくりを行っていきたいかをまとめてみましょう。
- 以上を、他の都市や地区と比較して、議論してみましょう。

第4章　都市に住まう
―― 生活のための都市工学 ――

前の章では、公共の仕事としての都市工学を、都市を方向づけるという観点から学習しました。普段なにげなく見ている風景や生活している場所が、実は規制制度で守られていたり、過去の都市工学の実践によって作られていることが、一通り理解できたものと思います。建物一軒一軒でさえ、建築基準法に則って建てられていることを考えると、今日ある都市そのものが、過去の都市工学の結果といっても過言ではありません。

けれども、それらの説明ではまだ、都市に生活する人々にとって本当に都市工学の成果がよいことだったのか、またどう感じられているかなどについては、あまりはっきりしません。今の自分の生活に何が関係するのか、ピンとこなかった人も多いのではないでしょうか。

そこでこの章ではガラッと視点を変えて、「都市に住まう」観点からいくつかのテーマを設け、生活のための都市工学について学んでいくことにします。学ぶといっても、頼りになるのはあなた自身の感覚です。これから出てくる話には、そうした人々の感覚や経験に頼るべきものが少なくないのです。もし、「本当かな？」「少し違うぞ！」と思うことがあったら、そうした感覚を大切にして下さい。それがたぶん、生活のための都市工学の第一歩になるはずです。

1. 密度と用途：その場所の使われ方

あなたが都市の環境を「良い」とか「悪い」とか感じるとき、その場所の密度（窮屈さ）や用途（使われ方）が要因となっていることがしばしばあります。まずは、住宅地の例で考えてみましょう。

密度に関する思考実験

ここに1辺が100mの正方形をした面積1haの土地があります。何も制約条件はありません。あなたの判断で、そこに住む人が快適と感じる住宅を計画してみて下さい。

まずは、ポツンと1軒だけ建ててみましょう。庭が広くていいですが、あまりに広すぎて少し寂しい感じもします。

そこで、どんどん戸数を増やしていって下さい。庭付き戸建住宅ばかりが100軒くらいになると、さすがに詰まった感じがしてきます。どの家にも道がついていないと困るので、1haといっても、実際に住宅の敷地として使えるのは8000m²程度でしょう。100軒も詰め込むと、1軒あたり80m²の敷地面積しかありません（図4-1）。

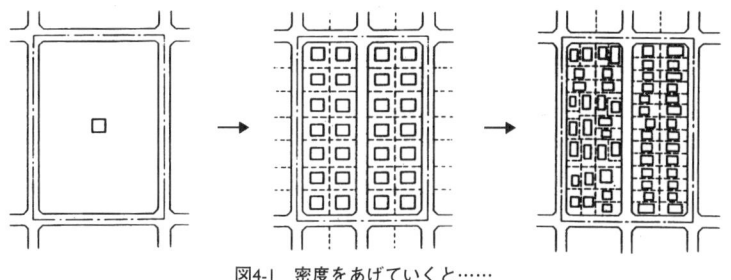

図4-1　密度をあげていくと……

ここで、自分の家や近くの家を考えてみて下さい。敷地が80m²しかないと、2階建てにしても結構窮屈です。少しくらいは庭もほしいし、隣の家にくっつけたくないので、1階部分の床面積を50m²としてみましょう。2階も同じ床面積にすれば全部で100m²となります。そんなに満足できないかもしれませんが、家族4人くらいならまあまあの広さかもしれません。横浜の郊外戸建住宅地で行った調査によれば、床面積が120m²以上になると満足の割合が過半に達しています。

しかし、敷地が狭いまま建物が大きくなると、市街地としては結構建て詰まってしまい、庭もまともにとれません。別の調査によれば、敷地面積が35坪（約115m²）くらいだと庭にはほとんど木が植えられません（図4-2）。こうなってくると、むしろ戸建住宅にするのはやめて、家を集合させた方が良いかもしれません。10軒ずつまとめて10棟建ててもいいし、100軒いっぺんにまとめてもいいです。ただし、採

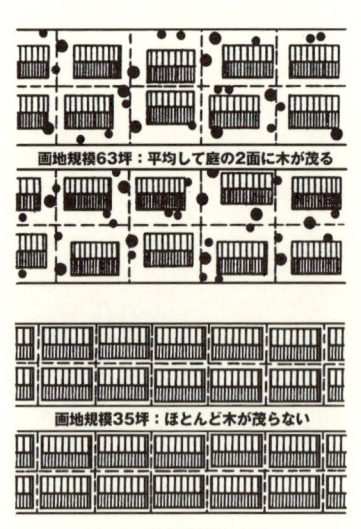

図4-2　敷地面積と庭木

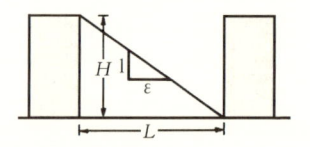

日照条件による所要南北隣棟間隔(m)＝L

都市名	北緯	階数							
		1	2	3	4	5	6	8	10
札　幌	43°04′	11	22	24	33	41	49	65	82
青　森	40°49′	10	19	22	29	36	43	58	72
新　潟	37°55′	8	16	19	25	31	37	50	62
仙　台	38°16′	8	16	19	25	32	38	51	64
東　京	35°40′	7	14	17	23	28	34	46	57
大　阪	34°39′	7	14	16	22	27	33	44	55
福　岡	33°35′	7	13	16	21	26	31	42	52
鹿児島	31°34′	6	12	14	19	24	29	39	48

＊平均階高3.0m、陸屋根とする。
＊1, 2階は冬至6時間日照、3階以上は冬至4時間日照を満足させる。

図4-3　日照と隣棟間隔

光や日照を住戸内に確保するためには建物の奥行きはあまり深くできません。また、前の建物が日照を遮らないよう、建物の間隔はある程度空ける必要があります（図4-3）。

こうして、物理的限界ともいうべき「ほどほど」の密度が確認できます。ここで、何が「ほどほど」かには、日照を各戸にどれくらいとるかなどで物理的に決まる要素と、人々がどの程度を「ほどほど」と感じるかという心理的な要素の両方が影響するでしょう。

用途に関する思考実験

今考えたのは住宅だけでしたが、今度は、商店と工場と住宅を一度に考えてみましょう。

ここに港湾をもつ都市建設予定地があります。海から少し離れたところに鉄道駅があります。商店街、工場街、住宅街で構成される人口10万人くらいの都市を計画してみましょう（図4-4）。

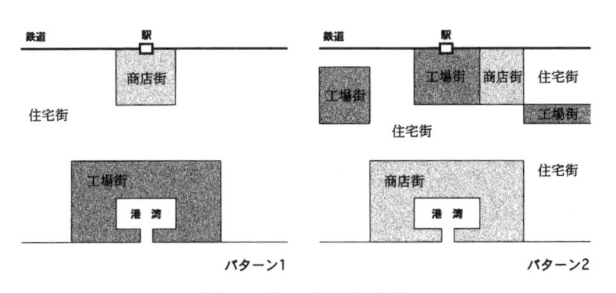

図4-4　人口10万人の都市

①用途別の立地特性

まず工場です。工場にもいろいろありますが、一般に工場は騒音や振動などのため、住宅と混ざっていない方が良いとされます。廃水もかなり出るので、海や川の近くが良いかもしれません。原材料の入荷

や生産物の出荷のために頻繁にトラックが出入りすることも、住宅と工場が馴染まない理由です。港湾近くに立地すれば、タンカーや貨物船も容易に利用できます。

商店に来るお客さんも、豆腐や焼きたてパンの製造所などは例外として、近くに工場がない方が一般的にはよいでしょう。また、商店は固まって「街」をなしていた方が売り上げが伸びます。工場にもある程度そうした傾向があります。つまり、日本の工場は親会社―下請け―孫請けのシステムが地域内にネットワーク状に存在しています。これを「地域内連関」といいますが、一定地域に固まってそうしたネットワークがあれば、自分の得意分野に仕事を限定することもできるし、相互の輸送コストも少なくて済みます。

住宅はどうでしょうか。駅の近くに住みたい人、郊外の庭付き住宅に住みたい人など様々です。一般的に、若い世帯は利便性を重視する傾向が強く、都心のマンションやコンビニの近くのアパートなどを好みます。専業主婦のいる子育て世帯などでは、郊外のゆったりした環境を好む傾向にあります。しかし、子育てが終わった高齢夫婦のなかには、病院や買い物に便利な都心のマンションを好む世帯も出てきます。

このように、都市にはいろいろなライフステージや生活スタイルをもつ家族が住んでいて、多様なタイプの住宅が必要とされるのです。かいつまんでいうなら、利便性重視の都心型集合住宅と、環境重視の郊外型戸建住宅に二分できそうです。前者のタイプの集合住宅では、1階部分に商店等を組み込んだものや、オフィスと同居する複合タイプのものもあります。パリの町はそんな感じにできています。

以上のような特性は、どの都市にもかなりの程度あてはまります。また、新たに都市や建物を計画する場合にも、以上に説明したそれぞれの用途の特性をきちんと踏まえることが、多くの人々が満足するた

めの基本条件なのです。

②用途混在による問題の発生

　例えば、工場の隣に集合住宅を建てれば、住宅の居住者は日々の騒音や悪臭に悩まされ、苦情を工場に持ち込みます。工場も努力はするでしょうが、限度もあります。結局、工場が移転を余儀なくされるか、その前に住民がノイローゼになったり、ぜんそくなどの病気になってしまうかもしれません。住宅と農地が混在していることも、工場ほどではありませんが問題を発生させる1つの原因になります（第3章1節）。

　一般的に見て、同じ用途同士は集合させた方がよく、違う用途を集合させると問題が起こりやすい、と一応いえそうです。ここで「一応」としたのは、あまり同じ用途ばかりが集合するとまた別の問題が出てくるからです。何事も、「ほどほど」の問題なのです。

都市工学のいろいろなルール

　このように、都市を工学する際には、「ほどほど」の密度や用途の構成というものがありそうです。また、「ほどほど」という場合には、工場にとっての「ほどほど」もあれば、商店や住宅にとっての「ほどほど」もあり、さらに、住宅といっても、単身者と若夫婦と子育て世帯と老夫婦では求める立地や広さが違い、工場といっても、石油化学工場と印刷工場と精密機械工場とでは必要な立地条件も配慮すべき事項も異なります。さらに、こうした条件は都市の規模によっても異なり、時代によっても変化します。

　したがって、生活者、あるいは生産者の目で都市を工学するということは、どの立場から見ても「ほどほど」の密度や立地や周辺環境が確保されている状態を、その都市、その時代に合った形でめざすことといえそうです。

しかし実際には、各所で問題が起こっています。それまでの戸建て住宅地にマンションが突然計画されて日照問題が起こったり、工場が閉鎖されてマンションが建ち近隣紛争になるなどです。

そうした問題が起こったら解決する必要がありますが、より本質的には、そのような問題が起こらないように、一定程度のルールを事前に決めておくことが重要なテーマになります。

ここでは、容積率や用途などの、最も基本的な要素に関するルールを学習しておきましょう。

①容積率規制

最初に思考実験したように、建物の密度には「ほどほど」の上限があります。とはいえ、都心のオフィス街と郊外住宅地では「ほどほど」

左上：容積率100％程度
左下：容積率150〜200％程度
右上：容積率数百％程度

図4-5　様々な容積率の建物
　　　（左上：撮影／鈴木克彦）

の程度が異なります。郊外住宅地のなかに突然高層のオフィスビルができる可能性があったりすると、せっかく静かな環境を求めて郊外住宅地に移り住んだ人は不安でたまりません。一方、オフィス街では、あまりビルを詰め込むとそこに出入りする人や車の量が過大になり、いくら道路や地下鉄を整備しても追いつきません。

そこで、郊外住宅地では静かな環境を保全するために、都心部のオフィス街では「ほどほど」の密度に収まるようにと、「容積率」の規制が行われるのが一般的です。

「容積率」とは、(延床面積／敷地面積)×100で計算した値で、例えば敷地面積1000m²、延床面積3000m²なら、(3000／1000)×100＝300となり、％をつけて「容積率300％」といいます。図4-5は、3つの典型的な建物のおよその容積率を示したものです。

また、この容積率を都市工学のルールとして指定したものを「指定容積率」と呼びます。例えば、「指定容積率300％」というのは、「この地域では容積率300％が上限である」ことを意味します。

郊外住宅地では100％程度までの容積率を上限とするのが一般的で

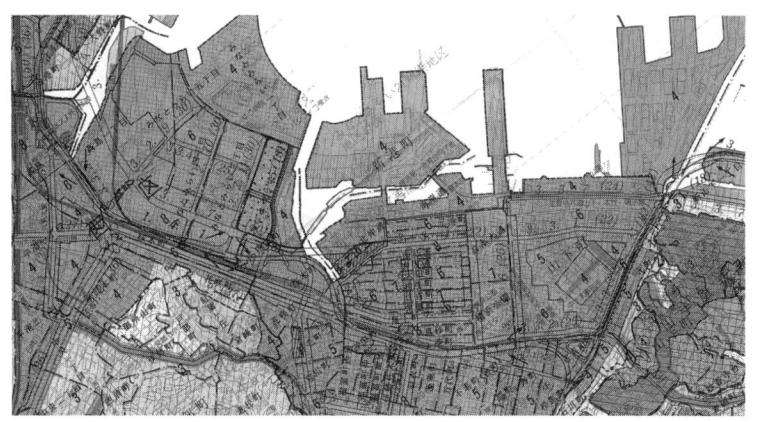

図4-6 横浜都心部に指定された容積率（図内の数字は容積率を示す：例えば5は500％）

す。一方、都心部のオフィス街では400％から600％くらいが一般的ですが、大都市都心部では800％以上の容積率が指定されることもあります。

図4-6は、横浜都心部（関内地区）の指定容積率を示したものです。

②用途規制

今、密度だけに着目しましたが、今度は用途に着目しましょう。用途に関する思考実験のところで見たように、工場と住宅、工場と商店

表4-1　用途地域の種類

用途地域	第一種・第二種低層住居専用地域	第一種・第二種中高層住居専用地域	第一種・第二種住居地域	準住居地域	近隣商業地域	準工業地域	商業地域	工業地域	工業専用地域
容積率	50/60 80/100 150/200	100/150 200/300 400/500	100/150/200/300/400/500			200/300/400/500 600/700/800/900 1000/1200/1300	100/150/200/300 400			
建蔽率	30/40/50/60	50/60/80	60/80	50/60 80	80		50/60	30/40 50/60		

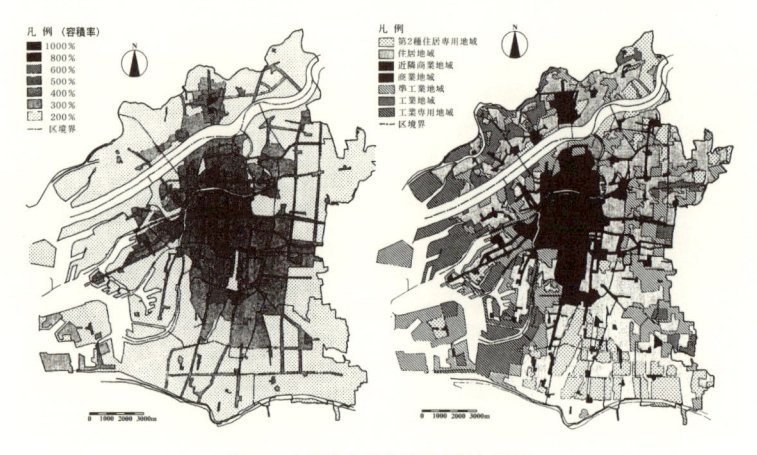

図4-7　大阪市の用途地域の指定状況

などは互いに分けておいた方が、とりあえずは良さそうです。そこで、「用途地域」という制度によって、都市内部を「商業地域」「工業地域」「住居地域」といったおおざっぱなゾーンに分けて、相性の悪い用途同士がぶつからないように工夫するのが一般的です。

表4-1は、現行(2006年12月時点)の用途地域の種類を示したものです。また、図4-7は、大阪市の用途地域の指定状況を示したものです。

③建蔽率規制

密度と用途は、おおざっぱなボリュームや土地利用を制限するものですが、これだけではきめ細かな対応ができません。

例えば、同じ容積率100%でも、1階建てをベタッと敷地全体に建てることもできるし、敷地の10%だけ使って10階建てのビルをニョキッと建てることもできます。もしこんなことが起こると、前者の場合は隙間のない都市ができてしまいます。後者の場合には、鉛筆が立ち並ぶような異様な風景となるでしょう。

そこで、敷地ごとに、敷地の何割まで使っていいかを制限するのが建蔽率規制です。(建築面積／敷地面積)×100で計算し、%をつけて、「建蔽率50%」のようにいいます。これも容積率と同じで、「建蔽率50%」を指定すると、それが上限の規制値になります。

しかし、建蔽率の指定だけでは、隙間なくベタッと建てることは制限できますが、鉛筆ビルがニョキニョキ建つことは防げません。

④形態規制

そこで必要になるのが形態規制です。鉛筆ビルを防止するには、絶対高さを例えば10mに制限するとか、斜線制限といって、道路や隣接敷地からの斜線による制限を設けて、道路空間や隣地に害が及ばないようにすることが必要です。

特別用途地区	各都市で条例を定めて決める	用途地域内において特別の目的からする土地利用の増進、環境の保護等を図るため定める
密度・形態地区	高度地区	用途地域内において市街地の環境を維持し、または土地利用の増進を図るため定める
	高度利用地区	用途地域内の市街地における土地の合理的かつ健全な高度利用と都市機能の更新とを図るため定める
	特定街区	街区単位の建築計画を進め、市街地の整備改善を図るため定める
防火地域	防火地域、準防火地域	市街地における火災の危険を防除するため定める
景観・保全地区	景観地区	市街地の良好な景観の形成を図るため定める
	風致地区	都市の風致を維持するため定める
	歴史的風土特別保存地区	古都における歴史的風土を保存するため定める
	特別緑地保全地区	都市計画区域内の樹林地、草地、水辺地等の緑地の保全のため定める
	生産緑地地区	市街化区域内の農地等（生産緑地）の保全のため定める
	伝統的建造物群保存地区	伝統的建造物群およびこれと一体をなしてその価値を形成している環境（伝統的な町並み）を保存するため定める
機能的用途地区	臨港地区	港湾を管理運営するため定める
	流通業務地区	大都市における流通機能の向上および道路交通の円滑化を図るため定める
その他	駐車場整備地区	道路の効用を保持し、円滑な道路交通を確保するため定める

表4-2　各種「地域」・「地区」（2006年12月時点）

⑤地域地区

　以上のような容積率、用途、建蔽率、形態に関する規制を、日本ではひとまとめにして「用途地域」として指定しています。

　さらに実際には、もっときめ細かな制限を行うために、各種の「地区」が設定できるようになっています（表4-2）。すでに学習した「風致地区」や「美観地区」「高度地区」などです。

　また、市街地における火災の危険を減らすために、都心部や密集した住宅街に「防火地域」が指定できるようになっています。

　以上の「〇〇地域」と「〇〇地区」を合わせて「地域地区」と呼び、都市計画の大きな柱になっています。

　こうした地域地区を指定する意義は、どちらかというと消極的なものです。つまり、地域地区は、「何もルールを定めないと様々な問題が起こるので、そうした害悪を防止するために指定する」という面が

強いのです。

　それには3つの理由があると考えられます。

　第一は、用途であれ密度であれ、その他どのような内容であれ、人々が「ほどほど」と思う水準にかなりのバラツキがあるので、どうしても「無難な」レベルに設定されがちになるという理由です。逆にいうと、あまりに大きな制約を課すと、そこでは特定の人しか満足できなくなるおそれが出てきます。

　第二は、規制をするということは個人の財産権を制限することになるので、あまりキツイことはいえないという理由です。つまり、地域地区は一般に、それを指定することで財産の価値が下がったとしても補償を要しない制度なのです。

　第三は、地域地区が都市レベルの規制制度であるため、そもそもそれほど細かな指定を想定していない点です。もし、地区レベルや街区レベルで積極的なまちづくりをしたいのであれば、地区計画（第3節参照）などの別の制度が用意されているのです。

2. 道路と建物：人・物の動きと都市の見え方

　これまで、土地の密度や用途について考えてきましたが、実際に土地を利用するためには、そこまで移動するための空間、つまり道路が必要です。日本の大学では道路は土木学科、建物は建築学科というようにタテ割りになっていますが、実際にはそれらを総合して都市を工学する必要があります。

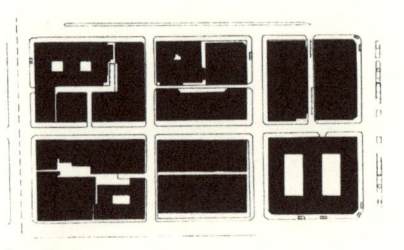

地区名	千代田区丸の内2丁目
人口密度（人/ha）	0.7
宅地率（%）	100.0
地区容積率（%）	956.2
地区建蔽率（%）	51.7
用途構成比 (住居系：商業系：工業系)	0：100：0
道路率（%）	41.7
道路線密度（m/ha）	167

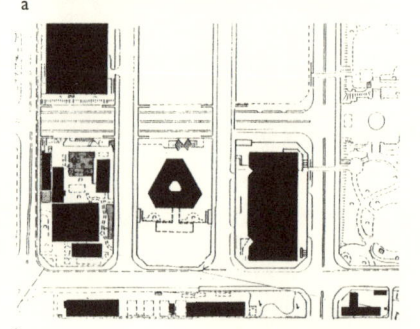

地区名	新宿区西新宿2丁目
人口密度（人/ha）	1.2
宅地率（%）	100.0
地区容積率（%）	748.4
地区建蔽率（%）	18.4
用途構成比 (住居系：商業系：工業系)	0.2：47.4：24
道路率（%）	39.5
道路線密度（m/ha）	156

地区名	大田区田園調布3丁目
人口密度（人/ha）	57.6
宅地率（%）	99.7
地区容積率（%）	38.6
地区建蔽率（%）	33.3
用途構成比 (住居系：商業系：工業系)	96.8：1.9：1.3
道路率（%）	21.9
道路線密度（m/ha）	244

地区名	練馬区土支田2丁目
人口密度（人/ha）	52.9
宅地率（%）	50.7
地区容積率（%）	35.3
地区建蔽率（%）	23.7
用途構成比 (住居系：商業系：工業系)	94.7：1.2：4.1
道路率（%）	9.2
道路線密度（m/ha）	210

図4-8　道路率を考える

道路の量：道路率

　道路が全くなかったら移動ができません。しかし、道路が多すぎても困りものです。どうやら、道路にも「ほどほど」の量というのがありそうです。都心のオフィス街と郊外の住宅地を比較しながら考えてみましょう。

①都心部の道路率

　都心のオフィス街にはたいてい自動車があふれています。朝夕、とりわけ朝の通勤時間帯には、バスや地下鉄などから大量のサラリーマンがオフィスビルへと向かいます。こうした様々な動き、つまり「交通」をさばくには、広幅員の道路や歩行者空間が必要となります。

　東京都心にある丸の内地区や大手町は、大手都市銀行をはじめ大企業の本社が立地する代表的なオフィス街であるため、地区面積に占める道路の割合（道路率）は40％にも達します（図4-8a）。

　名古屋の都心部でも戦災復興事業（第3章参照）によって広幅員の道路が整備され、道路率は40％程度になっています。

　参考のため、超高層ビルが立ち並ぶ東京都の新宿副都心の例を図4-8bに示しました。ここも道路率は40％程度です。aと少し違って見えるのは、新宿副都心のビルは超高層ビルで、その分、建蔽率が低く抑えられているためです。

②住宅地の道路率

　では、郊外の住宅地ではどうでしょうか。住宅地とはいえ、現代は車社会ですから、車がすれ違える程度には道路が整備されていた方がよいでしょう。けれども、そこを通過するだけの自動車はできるだけ遠くを通ってほしいと誰もが思います。

　図4-8cは代表的な住宅地――東京都大田区田園調布――のレイアウ

トを示したものですが、さきほどのオフィス街に比べると、それぞれの道路幅員は狭く、道路に囲まれたブロック（これを「街区」といいます）一つ一つは小さくなっています。道路率も20%程度です。

なお、参考として、道路基盤が整備されないまま市街化している東京都練馬区の典型住宅地の例を図4-8dに示しました。曲がりくねった農道がそのままの形で使われており、道路率も10%に達していません。こうした市街地を「スプロール市街地」と呼んでいます。散歩には向いているかもしれませんが、自動車には不向きです。また、実際にはどんどん建物が立ち並んでいくので、次第に密度も高まり、さらに道路は不足ぎみとなり、防災上も大きな問題になる可能性があります。

やはり、交通量の少ない住宅地といえども、15〜20%くらいの道路率が必要です。

道路配置パターン

道路率が一定でも、その配置パターンによってずいぶん意味が違うことには注意が必要です。

例えば、田園調布では道路構成がしっかりしていて道路率が20%程度ありますが、スプロール市街地も幹線道路が1本貫通するだけで、地区の道路率は大きく上がります。しかし、この地区内部の環境はほとんど変化せず、田園調布のような良好な住環境を確保するには至りません。

つまり、人や車の流れ方、沿道の土地利用の特性などを考慮して、適切な道路配置をすることが必要なのです。

道路の段階構成

今の話と関連しますが、道路の配置パターンを考える場合、「段階

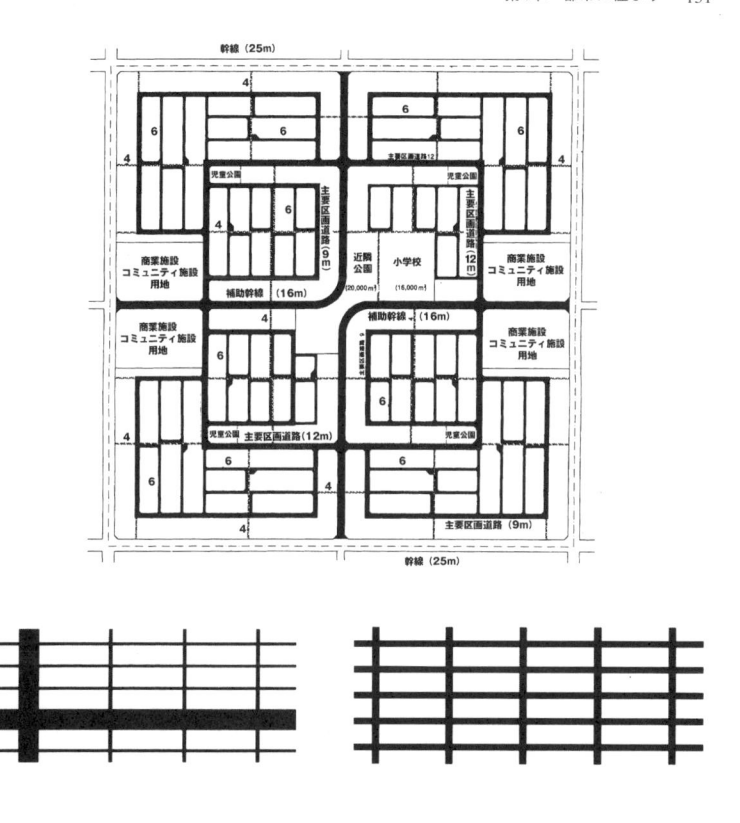

図4-9 道路の段階構成

構成」がきちんとなされているかどうかが重要なポイントになります。

例えば、図4-9の3つを比べて、どれが安全・快適な市街地とあなたは考えますか？

たぶん、多くの人は上のパターンが良いと考えるでしょう。左下の図のように幹線道路のあちこちで細街路が交差していたのでは、幹線道路の流れが妨げられます。また、右下の図のように同じ幅員の道路ばかりが延々と続くような市街地も、安心して歩ける道路と自動車が

頻繁に通る道路の区別がなく、安全・快適とはいえません。「飛び出し」の危険も大きくなります。

　こうしたことから、図4-9上のような「段階構成」をきちんと守った道路パターンが一応は「良い」ものといえます。すでにできあがっている市街地を改造することは困難ですが、道路のデザインを若干変えたり交通ルールを補完することなどによって一定程度の改善は可能です。

人と車

　では次に、人と車の関係を考えてみましょう。

　そもそも日本の道路は狭く、あまり教科書的なことをいっていられないのが現実ですが、交通事故を防止し、人も車もそれぞれがスムーズに動けるためには、自動車と歩行者を分離することが効果的です。

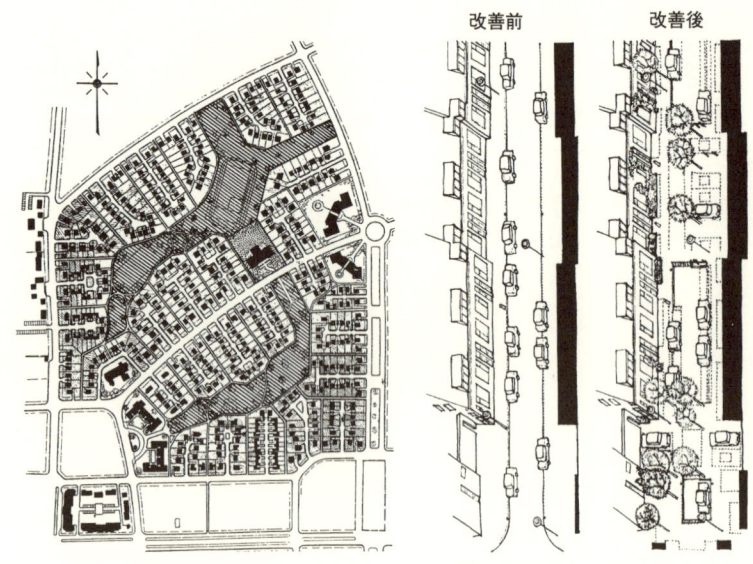

図4-10　歩車分離型「ラドバーン方式」(左) と歩車共存型「ボンネルフ」(右)

平面上で歩道と車道を分離し、さらに交差点では立体的に工夫すれば両者を完全に分離することができます。ニュータウンなどではこうした完全分離型のデザインを採用しているところもあります。

図4-10左は、自動車が普及をはじめた1920年代末に、アメリカのラドバーンで計画された歩車分離による住宅地の事例です。その後、こうした歩車分離の方法を「ラドバーン方式」と呼ぶようになりました。

ただし、機能分離が進みすぎると、「人間味がない」「殺伐としている」などの弊害も出てきます。

1970年代にはオランダのデルフトで、「ボンネルフ」という歩車共存型のデザインが採用され、その後、その方式自体を「ボンネルフ」と呼ぶようになりました（図4-10右）。ちなみに、「ボンネルフ」はオランダ語で「生活の庭」を意味します。

「ラドバーン方式」も「ボンネルフ」も、今日では一般的な都市デザインとして各地で取り入れられています。

公共交通と道路

少し視点は変わりますが、今日、自動車がどんどん増えるのに対応して、道路をどんどん作った方が良いのでしょうか。

実は、この問いにはもう一つの隠されたテーマがあります。公共交通と自動車交通（非公共交通）のバランス問題です。

自動車が増えるに従って道路を作ること、特に、先に示した「ほどほど」の道路率や道路配置にすべく道路を作ることは一応は正しいのですが、実は、道路を作れば作るほど自動車が増えるというジレンマがあります。渋滞する道路は、一部だけ拡幅しても渋滞は解消しません。

こうなると、バスに乗っていたお客はどんどん離れていきます。お客が減ればバス会社の経営が悪化するので、どんどんバス路線は減っ

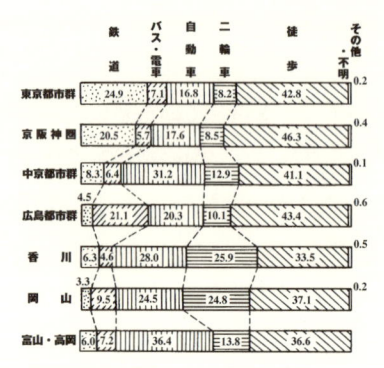

	鉄道	バス・電車	自動車	二輪車	徒歩	その他・不明
東京都市群	24.9	7.1	16.8	8.2	42.8	0.2
京阪神圏	20.5	5.7	17.6	8.5	46.3	0.4
中京都市群	8.3	6.4	31.2	12.9	41.1	0.1
広島都市群	4.5	21.1	20.5	10.1	43.4	0.6
香川	6.3	4.4	28.0	25.9	33.5	0.5
岡山	3.3	9.5	24.5	24.8	37.1	0.2
富山・高岡	6.0	7.5	36.4	13.8	36.6	

表4-3　大都市と地方都市における都市内交通の手段別割合

ていき、ますます自動車に依存する社会になっていきます。鉄道も同じです。東京や大阪ではまだまだ鉄道の役割は大きいのですが、地方都市では鉄道やバスの地位はかなり低下しています（表4-3）。

このように、都市を工学するためには、道路の量や配置等に関する「ほどほど」さを知ったうえで、公共交通と自動車交通とのバランスや、特定の地区、例えば都心のショッピング・センターでの道路や駐車場の配置、交通管理などを総合的に考える必要があるのです。

沿道の特性：二次元の「土地利用」から三次元の「街並み」へ

これまでは、道路とその沿道の土地利用を二次元的に見てきました。しかし、私たちが日頃目にするのはこうした二次元の世界ではなく、道路沿いの風景、つまり街並みです。

よく、日本の街並みは雑然としているのに対し、ヨーロッパの街並みは整然としているといわれますが、これは、日本ではいまだに都市の空間を三次元的にデザインする技術や文化が根付いておらず、また、開発も盛んなために、「こんな感じ」という安定した市街地像が人々に共有されていないことによるものです。

では、「ほどほど」の街路空間の構成とはどのようなものでしょうか。ここでは、道路の幅員（Depth）と沿道建物の高さ（Height）の比D/Hと、街並みの「統一性」と「多様性」のバランスの両面から考えてみましょう。

①D/Hの話

　街並みの雰囲気、特に、おおざっぱな感じは、道路の幅員と沿道建物の高さの比によって、かなりの程度規定されています。少し思い出してみて下さい。

　田園地帯を歩いているときのあなたは、いい空気を吸って、開放感あふれるその風景を満喫できるでしょう。

　都会に出て都心でショッピングをするとき、幹線道路沿いのデパートの前を歩くときと、横丁で雑貨店やブティックを見て回るときとでは、気分も異なるはずです。

　これをD/Hによって説明してみます。

　まず、D/Hが0.5未満の場合、つまり、道路幅員が建物高さの半分以下の場合は、窮屈な感じがします。例えば、摩天楼が立ち並ぶニューヨークのロウアー・マンハッタンでは、D/Hが0.4から0.5以上になるように規制されています。ここで、「規制されています」とあえて表現したのは、こうした規制がなされる1916年以前には、もっとニョキニョキ摩天楼が林立していたからです。あまりの激しさに路上は薄暗く不衛生となり、その問題解決のために導入されたのが形態規制の一種である斜線制限でした。普通、斜線制限はD/Hとは逆数のH/Dの値を使います。つまり、D/Hが0.5のときはH/Dは2、0.4のときは2.5です。図4-11aに、マンハッタンの斜線制限（H/Dの値）を示しました。

　D/Hが同じでも、それぞれの数字が小さければ雰囲気も変わります。よく引き合いに出されるのが地中海のまちで、建物の間を縫うように

迷路状の街路が形成されています（図4-11b）。

D/Hが0.5では、まだ窮屈な感じになりますが、1くらいになると、ほどほどにゆったりした空間の雰囲気になってきます。例えば、東京の銀座通りは0.9くらいになっています（図4-11c）。

ちなみに、日本では商業系・工業系用途地域の斜線制限（H/D）が1.5、住居系では1.25ですから、この制限いっぱいに街並みが形成されると、D/Hはそれぞれ0.67、0.8となります。

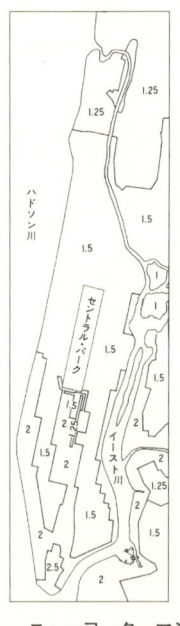

a ニューヨーク・マンハッタン
　（H/Dの制限）

b イタリアの路地

c 東京・銀座通りD/H=0.9

図4-11　D/Hと町の様子

D/Hが2を超えるようになると、街路空間に開放感が増してきます。ただし、少し間延びした感じになるので、そこを歩いていると寂しさ

が助長されるかもしれません。大阪の御堂筋は1.4くらいですが、仙台の定禅寺通りは3.0、札幌大通り公園、名古屋の久屋大通は3～4といった具合です。札幌も仙台も名古屋も、実際には道路空間に公園や街路樹等があるので、3や4という数字とは少し違った感じがするかもしれません。

②街並みの統一性と多様性

よく、「ヨーロッパの街並みは統一されていて美しいけれども、日本の街並みはバラバラで美しくない」などといわれますが、これは厳密に見ると、やや不正確な表現です。

例えば、ウィーンの都心部を調べてみると、確かに、高さや壁面の位置は統一されているのですが、さらによく調べてみると、ある程度の「ばらつき」があるのです。高さのばらつきは小さいのですが、棟割り、つまりタテに入る建物の切れ目の間隔は相当ばらついているのです。とはいえ、材料や装飾も一定のばらつきの範囲に収まっていて、全体として見ると、「統一されている」という感じを受けるのです。

図4-12 整った感じのするヨーロッパの街並み（撮影／三島伸雄）

もし、本当の意味で「統一されている」市街地があったら、少し冷たくて、権威的で、おもしろみに欠けるのではないでしょうか。

街並み全体、特に高さは「統一」されていて、しかし一定程度の

「多様性」を許容していることが、どうやら「良い」と感じる要因のようです（図4-12）。

3. コミュニティの空間構成

これまで、建物と道路の両面から、それぞれの土地利用にふさわしい空間配置や景観について考えてきました。

ここではさらにこれらを進めて、地区のスケールに対象を広げ、住みやすい街の構成を考えていきます。

地区のスケールで計画を考えると、小学校や近隣施設などの、これまで出てこなかった要素が加わってきます。

近隣住区論

第2章で、「近隣住区論」について少しふれました（第2章3節）。この近隣住区という考え方は、アーサー・ペリーによって1920年代のアメリカで提案されたもので、表4-4のような原則に基づいています。

小学校区程度のまとまりを「住区」と想定し、その住区は通過交通

表4-4 近隣住区の原則

1. **規模**——近隣住区の開発は、通常、小学校が1校必要な人口に対して住宅を供給するものであり、その実際の規模は人口密度に依存する。
2. **境界**——住区は通過交通の迂回を促すのに十分な幅員をもつ幹線道路で、周囲をすべて取り囲まれなければならない。
3. **オープン・スペース**——特定の近隣生活の要求を充たすために計画された小公園とレクリエーション・スペースの体系がなければならない。
4. **公共施設用地**——住区の範囲に応じたサービス領域をもつ学校その他の公共施設用地は、住区の中央部か公共広場のまわりに、適切にまとめられていなければならない。
5. **地域の店舗**——サービスする人口に応じた商店街地区を、1か所またはそれ以上つくり、住区の周辺、できれば交通の接点か隣りの近隣住区の同じような場所の近くに配置すべきである。
6. **地区内街路体系**——住区には特別な街路体系がつくられなければならない。まず、各幹線道路は、予想発生交通量に見合ってつくられ、次に、住区内は、循環交通を促進し、通過交通を防ぐように、全体として設計された街路網がつくられる。

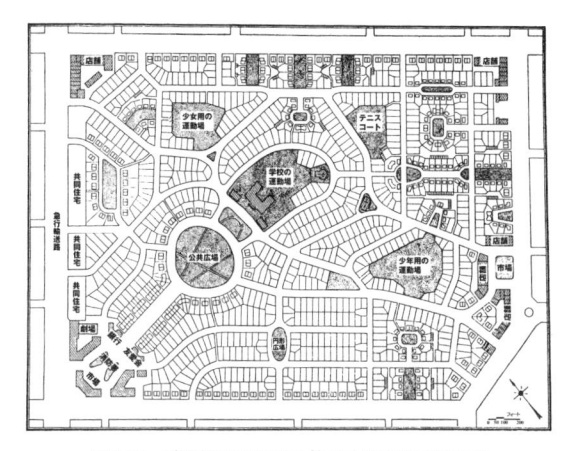

図4-13　近隣住区の原則に基づく住宅地の計画例

を排除するように、幹線道路で囲まれた単位が考えられています。

図4-13は近隣住区の原則に基づく住宅地の計画例です。

ニュータウンの建設と近隣住区論の発展

この近隣住区の考え方は、前節で紹介したラドバーンにも取り入れられていますが、イギリスの戦後初期のニュータウンに本格的に採用され発展していきます。

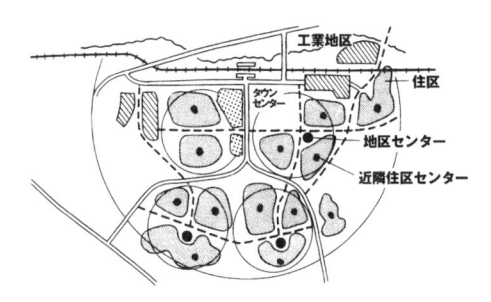

図4-14　ハーロー・ニュータウンにおける近隣住区

図4-14は、ハーロー・ニュータウンにおける近隣住区の設定を表現したものです。人々の住む住宅地は「住区」と「地区」の2段階に分けられ、それぞれの中心に「近隣住区センター」「地区センター」が配置されています。そして、ニュータウン全体の中心に「タウンセンター」が位置するという構成です。なお、ニュータウンの外縁部には工場等の職場が確保されているのもイギリスのニュータウンの特徴です。

　一つ一つの住区内部の構成を示したのが図4-15で、これは実現しなかったフック・ニュータウンの計画概念を示しています。図をよく見ると、自動車の動線（黒の実線）と歩行者の動線（白ヌキの線）が分離されていること、歩行者動線に沿って小学校や診療所などの生活関連施設が配置されていることなどが読みとれます。

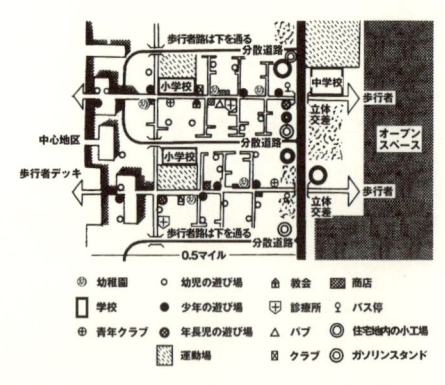

図4-15　フック・ニュータウンにおける住区内部の構成

　このように、ニュータウンにおいては計画者の意図通りに都市を作ることができ、それは生活者の利便性や安全性に配慮した内容になっています。日本においても、大阪の千里ニュータウンなどに近隣住区の考え方が適用されています。

表4-5 地域の広がりと地域施設（千里ニュータウンの場合）

段階構成 施設系統	近隣グループ G 50～200戸	近隣分区 $A=nG$ 5000人	近隣住区 $N=2A$ 1万人	中学校区 $C=2～3N$ 2万～3万人	地区 $D=3～5N$ 3万～5万人	全地区 $Z=3D$ 15万人
学校教育		低学年小学校 ＋幼稚園	高学年小学校	中学校	コミュニティ センター	高等学校
社会教育		集会所		図書館分室 クラブ	地区病院 保健所支所	
医療・保健		地区診療所		診療所 保健所出張所		中央病院 保健所
社会福祉				託児書		
公園・ レクリエーション	プレイロット 幼児公園	児童公園	近隣公園	スポーツクラ ブ	地区公園	周辺緑地
購買			マーケット 店舗群 公衆浴場		マーケット デパート 商店街	

表4-5は、設定された地域の広がりごとに必要となる公共施設の内容を示したものです。

生活圏と生活施設

実際の都市は、近隣住区論の通りにできているわけではありません。むしろ、すでにある鉄道駅や近隣商店街などを核として生活圏が形成されていたり、車を利用したもっと広い生活圏を構成しているのが普通です。

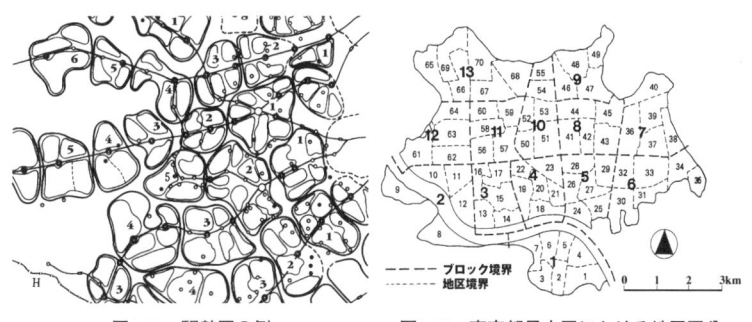

図4-16 駅勢圏の例　　図4-17 東京都足立区における地区区分

そうしたことから各都市では、それぞれの地域特性や政策課題を踏まえて行政区域を「住区」や「地区」に分割し、施策を行っています。図4-16は、東京の西郊地域を例にとり、駅勢圏を表現したものです。また、図4-17は、東京都足立区において設定されている13ブロック70地区の地区区分を示したものです。

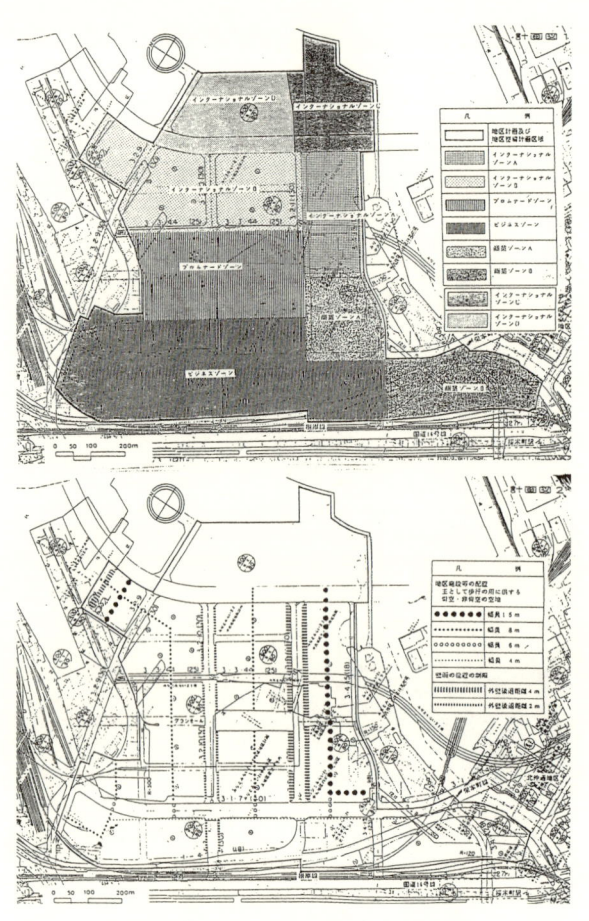

図4-18「みなとみらい21地区」の地区計画

地区計画

　これまでに説明してきたような、適切な建物密度、用途間の関係、公共施設配置などを実現するために、都市計画によって地域地区や都市施設を定めるのが一般的ですが、こうした都市レベルの大まかな方法では、「この地区はこんな風にしたい」という思いがあったとしても、かゆいところに手が届きません。

　そこで、地区レベルできめ細かく建物の密度や用途、形態等を決められるように、「地区計画」という制度があります。「都市計画」が都市全体の計画とすれば、「地区計画」は地区ごとの計画といえます。

　地区計画は、建物だけではなく、道路や公園といったきめ細かな地区施設を決めることのできるたいへん便利な制度です。

　図4-18は、第3章で出てきた「みなとみらい21地区（横浜市）」の地区計画の内容を図示したものです。

4. 都市空間の基本的性能

　密度や用途、道路と建物の関係、街並みなどについてこれまで学習してきましたが、もっと直観的・総合的に都市の良し悪しを判断する方法はないでしょうか。

　都市に生活するとき、何を重視するかは人によって様々です。ある人は利便性を重視し、ある人は地震がきても生き延びられるという安全性を第一にあげるかもしれません。

　都市を工学するには、これらの価値の内容や、それを実現するための都市空間の具体的な姿を一通り知っておく必要があります。

　そこで本節では、「安全性」「保健性」「利便性」「快適性」という4

つの基本的な性能を順に取り上げたあと、性能相互の関係について考えてみます。

この4つの性能は、国連世界保健機構（WHO）住居衛生委員会の報告書『健康な居住環境の基礎』（1961）のなかで、健康のレベルとして示されたもので、その後、居住環境の性能を示す指標として一般的に用いられるようになったものです。

安全性

わたしたちが都市に住まううえで、誰もが地震や洪水による被害を最小にくい止め、交通事故に遭わないようにと願っています。こうした生命や財産に直接かかわる「安全性」は、都市空間がもつべき最も基礎的な性能と考えられています。「安全性」といってもその内容は多様ですが、ここでは自然災害を中心に取り上げます。

世界には様々な国があって、地震や水害に見舞われる危険性の高い地域も驚くほど広範囲です。都市は、そうした自然条件を十分踏まえて、少しでも安全な場所を選んで立地することが重要です。なるべく低地は避け、地盤のしっかりした場所に都市を作れば、水害や地震の危険は軽減できます。大火に弱い木造密集市街地を作らなければ、安全性は高まります。

しかし実際には、こうした原則が守られずに都市が立地したり、拡大の過程で危険性が高まったりしています。結局、都市が自然災害を受けるとき、それは「自然のせい」ばかりでなく、「人間のせい」でもあるのです。

図4-19は、日本において防災都市づくり（第3章3節参照）を重点的に実施すべきとされる都市を示したものです。ここでは特に大規模地震による被害を軽減することが想定されていますが、いかに多くの地域が危険にさらされているかがわかります。

第4章 都市に住まう　145

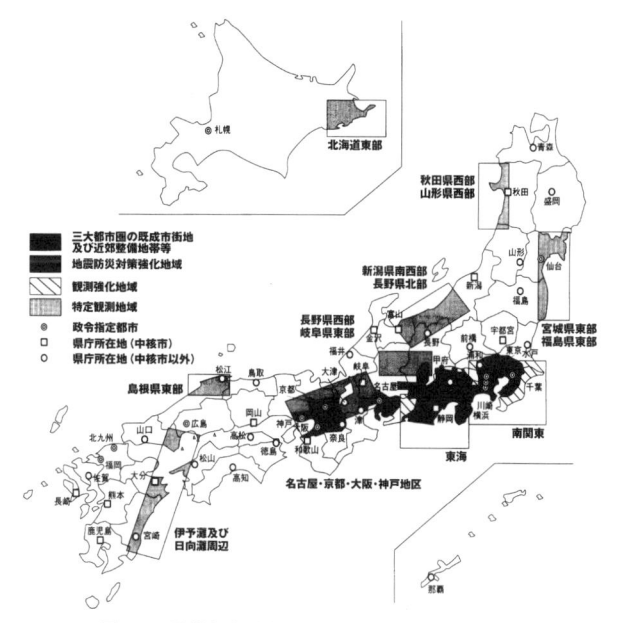

図4-19　防災都市づくりを重点的に実施すべき都市

都市内部のそれぞれの場所の「危険度」を発表している自治体もあります。一般に、「危険」の要素には物的要素（倒壊、延焼など）と人的要素（避難、雑踏）を含みます。

保健性

第1章において、19世紀にコレラが都市住民を襲い、それを放置できなくなって建物のコントロールを行ったことが近代都市計画の始まりの1つだったと説明しました。

今でこそ上下水道がかなり整備され、ドブ川を見ることも少なくなりましたが、日本の都市も少し前までは「保健性」の面で非常に問題がありました。この20～30年の間に下水道の整備は格段に進み、古典

的な意味での保健性に限れば、かなりの水準まで高まっています。

「保健性」を示すもう一つの象徴的な指標が日照です。雨量が多く湿度の高い日本では特に日照を確保することが多くの都市住民にとって最重要項目になっています。しかし、この面で日本の市街地には多くの問題があります。

表4-6は、住宅統計調査を用いて日照3時間未満の世帯割合を示したものです。大都市圏、特に東京、大阪の両大都市圏で3時間未満の割合が高く、それは都心に向かうほど高くなっていることがわかります。東京の都心10キロ圏では約3割の世帯が、10〜20キロ圏でも約2割の世帯が日照3時間未満となっています。ちなみに、日本では冬至でも日照4時間を確保することが一応の目安になっています。

表4-6　日照3時間未満の世帯割合（1983年、住宅統計調査）

住宅所有の関係		大都市圏	1978年	1983年	距離帯	東京 70キロ圏	名古屋 50キロ圏	大阪 50キロ圏
総数	11.7	全国	10.6	11.7	総数	15.5	10.9	18.1
持ち家	7.5	札幌圏	13.1	16.0	0〜10km	29.9	17.7	25.9
借家	18.7	京浜圏	14.6	15.7	10〜20	19.3	8.4	16.4
公営の借家	8.4	中京圏	10.5	11.0	20〜30	12.2	6.8	13.2
公団・公社の借家	8.2	京阪神圏	16.2	17.3	30〜40	9.8	8.9	13.6
民営借家(木造・設備専用)	24.2	広島圏	9.9	11.8	40〜50	8.6	5.9	13.7
民営借家(木造・設備共用)	41.3	北九州・福岡圏	8.9	11.1	50〜60	6.2	—	—
民営借家(非木造・設備専用)	16.2				60〜70	6.3	—	—
民営借家(非木造・設備共用)	25.9							
給与住宅	8.4							

利便性

安全性が確保され、保健性にも恵まれた住宅地が郊外に多く見られます。しかし、自動車が使えなければ生活はとても不便です。バスに乗ろうにも一日数便しかこなかったり、そもそもバスが通っていない住宅地もたくさんあります。

この章の最初の節でふれましたが、若夫婦、特に共働きの若夫婦世帯は、利便性を重視して都心部や鉄道駅近くのマンションに居住する

割合が高くなっています。

利便性には、買い物の利便性、図書館や郵便局、病院などを利用するための利便性など多様な面を含みますが、一般的に、都心部や地区中心には様々な施設が立地していて、利便性が高いのが一般的です。

これに対して、郊外部では利便性に劣る地域が多く、そのかわり、安全性や保健性の面、さらには次に説明する快適性の面で優れている場所が多く存在するのが一般的です。

この利便性を表すのに「アクセシビリティ」という指標をよく用います。ある場所への近づきやすさ、という意味ですが、「都心へのアクセシビリティが高い」とか「都心へのアクセスが良い」などのようにいいます。一般に、移動にかかる時間を単位にします（図4-20）。

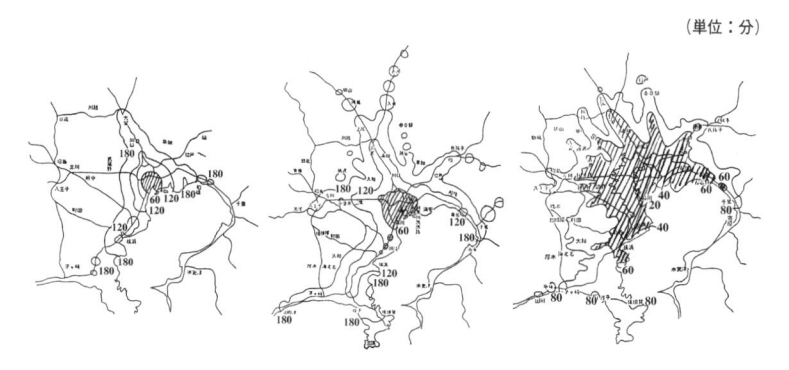

図4-20　東京都心へのアクセシビリティの変化（左：明治30年、中：大正8年、右：昭和40年）

快適性

何を快適と感じるかは人によってまちまちですが、とりあえず、緑豊かな住宅地、美しい自然景観、落ちついたたたずまいなどは、多くの人にとって「快適」と感じられるものです。

「快適性」のかわりに「アメニティ」という言葉を使うことがあり

ますが、これは20世紀初頭のイギリスで近代都市計画の目標を象徴する言葉として盛んに使われ、今日でもイギリスの都市計画がめざす重要な概念として定着しています。日本でも戦後の混乱が一段落し、生活に余裕も出てきた1970年代後半以降、「アメニティ」という言葉がよく聞かれるようになりました。

4つの性能の測定

　都市内の各地域における空間性能を具体的に見るためには、今まであげた4つの性能を何らかの指標に置き換えることが必要です。

　表4-7は、東京都で測定・公表された500mメッシュを単位とする指標化の例です。図4-21はそれを空間化して示したものです。

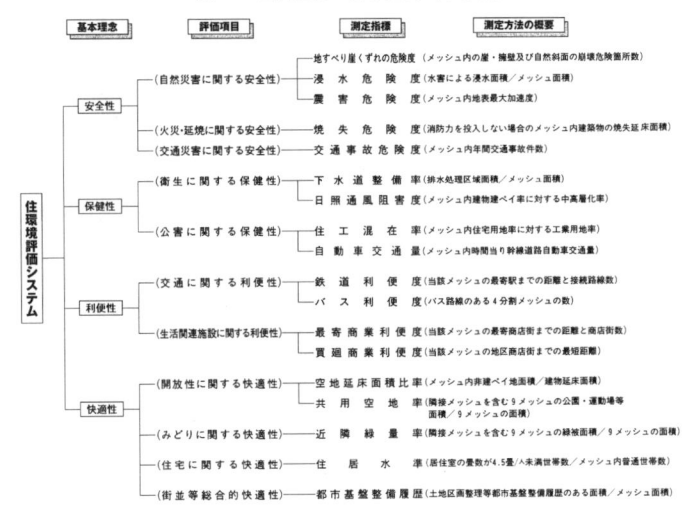

表4-7　空間性能の指標化例（東京都）

基本理念	評価項目	測定指標	測定方法の概要
住環境評価システム	安全性		
	（自然災害に関する安全性）	地すべり度（ずれの危険度）	（メッシュ内の崖・擁壁及び自然斜面の崩壊危険箇所数）
		浸水危険度	（水害による浸水面積／メッシュ面積）
		震害危険度	（メッシュ内地表最大加速度）
	（火災・延焼に関する安全性）	焼失危険度	（消防力を投入しない場合のメッシュ内建築物の焼失延床面積）
	（交通災害に関する安全性）	交通事故危険度	（メッシュ内年間交通事故件数）
保健性	（衛生に関する保健性）	下水道整備率	（排水処理区域面積／メッシュ面積）
		日照通風阻害度	（メッシュ内建物建ぺい率に対する中高層化率）
	（公害に関する保健性）	住工混在率	（メッシュ内住宅用地率に対する工業用地率）
		自動車交通量	（メッシュ内時間当り幹線道路自動車交通量）
利便性	（交通に関する利便性）	鉄道利便度	（当該メッシュの最寄駅までの距離と接続路線数）
		バス利便度	（バス路線のある4分割メッシュの数）
	（生活関連施設に関する利便性）	最寄商業利便度	（当該メッシュの最寄商店街までの距離と商店街数）
		買廻商業利便度	（当該メッシュの地区商店街までの最短距離）
快適性	（開放性に関する快適性）	空地延床面積比率	（メッシュ内非建ぺい地面積／建物延床面積）
		共用空地率	（隣接メッシュを含む9メッシュの公園・運動場等面積／9メッシュの面積）
	（みどりに関する快適性）	近隣緑量	（隣接メッシュを含む9メッシュの緑被面積／9メッシュの面積）
	（住宅に関する快適性）	住居水準	（居住室の畳数が4.5畳／人未満世帯数／メッシュ内普通世帯数）
	（街並等総合的快適性）	都市基盤整備履歴	（土地区画整理等都市基盤整備履歴のある面積／メッシュ面積）

安全性　　　　　　　　　　　　保健性

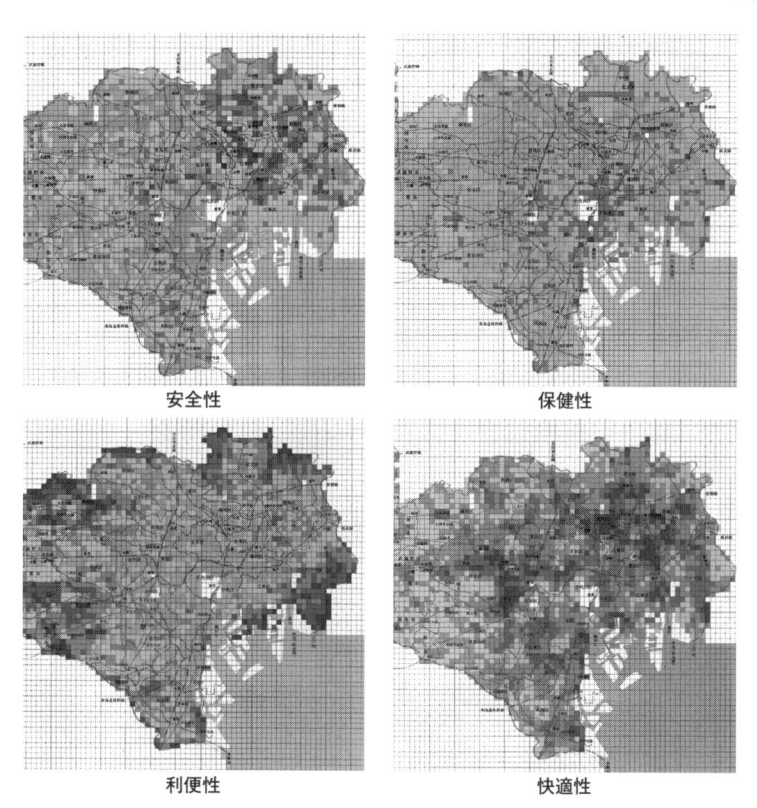

利便性　　　　　　　　　　　　快適性

図4-21　4つの性能の比較（濃い部分ほど性能が低い）

4つの性能の関係

　以上、4つの都市空間の性能それぞれについて説明しましたが、これらの間には、大きく見て次の2つの特徴があります。

　第一の特徴は、性能間の上下関係です。上下というよりも、どれが基礎的な性能でどれが選択的なものか、といった方が良いかもしれません。

　4つの性能のうち、安全性は生命や財産にかかわる最も基礎的な性

能です。保健性も基礎的な性能で、特に日照がその代表的指標としてあげられます。利便性も重要ではありますが、どちらかといえば安全性や保健性が確保されたうえで選択することが多いのではないでしょうか。快適性はさらに高度な性能といえそうです。

とはいえ、これらは一般論です。多少は安全性や保健性の低さには目をつぶっても、とりあえずの生活のためには利便性の高いマンション暮らしをするなどの選択もあり得るからです。むしろ現実にはそうした選択を多くの人が行っているのです。

今の話に関連しますが、第二の特徴は、性能間のトレードオフです。何でも手に入れることができる大金持ちなら話は別ですが、一般に、これら4つの性能を完全に満たすことは至難の業です。庭付き住宅に住むには郊外の不便なところまで行かなければなりません。利便性を重視すれば安全性には多少目をつぶらなくてはならないでしょう。図4-21をよく見ると、そうした現実の姿が読みとれるはずです。

しかし、目をつぶるとはいっても限度があるので、ここでも「ほどほど」の最低レベルと、「できればこうしたい」という目標レベルを分けて設定することが有効です。

以上をまとめると、4つの性能には「基礎的」なものと「選択的」なものがあり、それぞれの性能のどのレベルを確保するかにも「最低」レベルと「目標」レベルがありそうだ、ということになります。

5. 都市空間の性能と現代

これまで見てきた4つの性能は、今日、いずれも重要であることは確かです。例えば、1995年の阪神・淡路大震災では「安全性」の重要

性が改めて認識されました。

しかし近年、さらに新しい課題が表れていることも事実です。ここでは、これまで説明してきた4つの性能ごとに、都市工学の現代的な課題を考えてみましょう。

新たな安全性：都市の防犯

都市とは、安全な場所ではないのが一般的です。ギャングやマフィアが活躍し、窃盗や殺人が多く発生するのが都市なのです。表4-8に日米の主要な都市の犯罪件数を示しました。たまたま日本の都市がこれまで比較的安全だったにすぎません。

表4-8 都市犯罪の日米比較

都　市	人　口		犯罪発生件数		人口千人当り件数
デトロイト	1,180,000	1981	993,294	1981	841.8
ニューヨーク	7,073,500	1983	1,637,500	1984	231.5
フィラデルフィア	1,665,400	1983	313,805	1983	188.4
ロサンゼルス	2,966,850	1980	337,382	1973	113.7
大　阪	2,636,249	1985	68,683	1983	26.1
東京特別区	8,354,615	1985	195,899	1983	23.4
名 古 屋	2,116,381	1985	40,139	1983	19.0
横　浜	2,992,926	1985	44,681	1983	14.9

『世界大都市比較統計年表』（東京都、1985）より作成

しかし近年、日本の都市においても新たなタイプを含む多様な犯罪が起こりつつあります。

幼女連続殺人事件（埼玉県他、1989）では、高層住宅団地の足元の死角がねらわれました。神戸市の新興住宅団地における事件（1997）では、日頃人々の近づかない「タンク山」が殺人現場となりました。地下鉄サリン事件（1995）では、朝のラッシュ時の地下鉄が犯罪の舞台となりました。

現代の都市には様々な人々が暮らしています。都市はもともと、こうした多様な人々を寛容に受け入れる器なのです。もちろん、それぞ

れの犯罪の源にある病理や反社会的行動自体に対処することは不可欠ですが、現代の都市工学には、こうした事態をなるべく回避したり軽減することも要請されているのです。もう少し謙虚にいえば、こうした犯罪は、都市が拡大するなかで失ってしまったもの、おろそかにしてきたものを、もう一度考えさせるきっかけを与えているといえるかもしれません。

例えば、高層住宅団地で犯罪が起こるのは、そうした団地のデザインそのものが犯罪を誘発しているともいえるのです。犯罪だけに限りません。東京都にあるT団地は高層住宅が立ち並ぶ場所ですが、飛び降り自殺が多いことで有名です。調べてみると、わざわざ遠くから来て飛び降りている人が多いという結果が得られました。図4-22は、そのT団地の住民が犯罪に対して「たいへん不安を感じる」と答えた割合を昼と夜に分けて示したものです。昼間より夜間の方が圧倒的に割合が高いこと、エレベーターのなかや階段、屋上が最も不安を感じる場所になっていることがわかります。

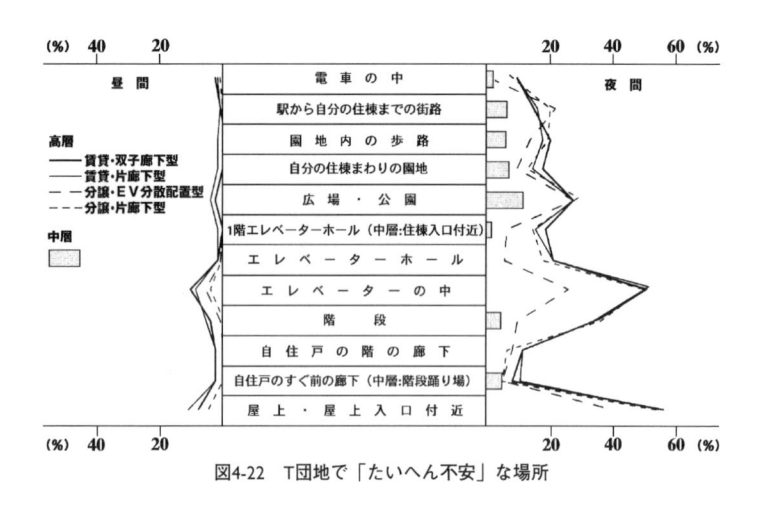

図4-22　T団地で「たいへん不安」な場所

では、現代都市に犯罪が起こりやすい要因は何でしょうか。団地を例に考えてみましょう。

　第一に、団地のデザインそのものの問題です。巨大化した現代の団地は設計がたいへん単純で死角が多く、それが犯罪の温床になりやすいという問題です。

　第二に、団地の管理の問題です。死角が多少あっても、日常的な管理がしっかりしており、隅々にまで目が行き届いていれば、それなりの対処は可能ですが、放置された空間ができると犯罪などの温床になるのです。

　第三は、コミュニティの問題です。昔は「向こう三軒両隣」といって、自分の家の周囲の人々と日常的に交流するなかで、自然に戸外空間にも目が向けられ、「怪しい人」を監視することができていました。しかし、家族が小規模になり、それぞれが忙しくなり、平面的なまちの構成が立体的になり、ドアも鉄扉になるなど、それぞれの家族や個人が孤立するようになると、戸外空間に目が届かなくなっていきます。むしろ現代人は「プライバシー」を重視するので、前近代的な地域の絆を嫌う傾向にもあるのです。

　神戸市の事件にも、こうした問題点が共通しています。ここの場合、団地は高層住宅ではありませんが、「タンク山」のような地域のなかの「死角」はたくさんあります。事件後、団地のあちこちで鬱蒼と茂った緑を住民たちが伐採する光景が見られましたが、緑は「快適性」のための貴重な資源であると同時に、一歩間違えば犯罪のための隠れ蓑ともなるのです。

　これは、団地の管理問題とも関係しているかもしれません。住民はそれぞれ自分の家の前は清掃しますが、地域全体のことを考えているわけではありません。さらにこれは、団地内のコミュニケーション、コミュニティの問題にもつながっていきます。もちろん、一定規模の

団地やマンションには「○○自治会」のような組織はありますが、これらは何らかの目的のために設置されているだけで、「近所の子をしかる」「醤油を借りる」というような、かつてのコミュニティが担っていた役割を担えるわけではないのです。

このように、これら2つの事件は、かつての日本の都市の作られ方、都市住民のコミュニティのありさまが変容する過程で失ったもの、忘れてしまった重要なことを思い出させました。

都市工学にできることは限られていますが、都市に住まう視点からできることも結構あることを覚えておいて下さい。表4-9は、犯罪の起こりにくい住環境を作るための28のデザインガイドです。欧米における犯罪の現実や心理学などの成果を踏まえて提案されたものです。

表4-9 防犯のためのデザインガイド

1. 乗り越えにくい塀・柵・垣──塀や柵及び垣は簡単に乗り越えたり、すり抜けられないようにする
2. 見通しの良い塀・門扉──塀や門は周囲からの自然な人の視線を妨げてはならない
3. 門のゲート化──門には許可された者のみ通過できるコントロール機能を備える
4. 見えやすい玄関──玄関は道路や建物内部から見えるようにする
5. 頑強なドア──建物の出入口のドアは全て頑強な構造にする
6. 適材適所の錠──出入口や開口部には、その場所や形態に合った錠を取り付ける
7. 入りにくい窓──入りにくい雰囲気と入りにくい造りの窓にする
8. 道路サイドの居室──家人と外との交流とプライバシー
9. 足場をなくす──侵入の助けとなるものを作ってはいけない
10. 侵入しにくい庭──侵入がすぐ分かる庭にする
11. 防犯的な車庫──侵入を妨げ、足場にならない車庫にする
12. 警報機器──ハイテクで進入者を撃退する
13. 防犯管理の演出──ガードの固さを示す
14. 小さなクラスター(住宅群)──住宅地は、居住者が親近感を持てる小規模なクラスター(住宅群)にける
15. ペアアクセスの住宅配置──互いに向き合うように住宅を配置する
16. 領域表示物──共有領域であることを伝える表示物をおく
17. 壁面線の位置指定──道路サイドに犯罪者が身を隠す場所をつくらない
18. 街角のデザイン──街角は見通しが利くようにする
19. 通行の誘導──防犯の視点から通行を誘導する
20. 屋外活動の活性化──活き活きした屋外空間は人の目が集まり犯罪者にすきを与えない
21. 歩車共存の道路──道路には車と通行人の双方からの目が届くようにする
22. 効果的な明るさの街灯──街灯は他人からの視線を感じて犯行をためらう程度の明るさにする
23. 電柱や街灯の計画的配置──道路関連施設は計画的に配置し、建物への侵入経路や路上からの死角を少なくする
24. 人目につく公共施設の配置──公共施設は人目につく位置に置き、周囲からの見通しをよくする
25. 安全な公園・広場──近隣の人々に親しまれる公園にし境界部を安全にする
26. 音のする仕掛け──部外者が近づくと音のする仕掛けを用意する
27. 景観の管理と質的向上──景観の質的向上の仕掛けは、住人の住環境に対する関心を高め、防犯性能を向上させる
28. 防犯環境の維持管理──ガードの弱い住宅地に見られぬように環境の維持管理に努める

新たな保健性：安心の住みか

　都市には文化が生まれますが、一方で過密によるストレス、超高層住宅居住による心理や子どもの発達の問題、コミュニティ喪失による不安や非常時の問題など、様々な問題を抱えています。伝染病や日照不足といった古典的問題に比べると、はるかに人間の精神や心理に深くかかわる問題といってよいかもしれません。

　これらも「ほどほど」に収まっていれば良いのですが、ときとして爆発的に「裏側」が姿を表します。

　都市はもともと匿名性を許容する場所であり、また、光の当たらない都市機能を支える人々が暮らす場所でもあります。

　第2章で例示したチャンディガールやブラジリアは、都市の「表」の部分だけを設計したため、「裏」の部分が必然的に発生した例ともいえるでしょう。しかし、これは「設計」された都市だけの問題ではありません。

　アメリカは現在でも「表」と「裏」が共存する「モザイク」都市です。例えば、アメリカの首都ワシントンは、堂々としたホワイトハウスやポトマック川沿いの美しい桜並木などで有名ですが、あくまでそれらは都市の「表」の部分です。ワシントンは同時に、非白人人口の最も高い都市の1つでもあって、1970年代から80年代にかけてその傾向は強まりました。都市の「裏」側では多くの犯罪などが問題になっているのです。

　日本の都市は、一見そうした特徴をもたないようにも見えますが、都市住民は常にストレスを抱えています。自然との共生やコミュニティの回復などを真剣に考えたり、地震に対してもある程度安全で安心できる空間を維持・創造したり、心理的な負担を軽減するようなゆったりした癒しの空間づくりを行っていく必要性が高まっています。

　1995年の阪神・淡路大震災は、人間の心理や記憶の重要性を浮かび

上がらせました。被災当初、人々は黙々と復旧作業を続けました。明るい未来を夢見たりもしました。しかし、しばらくすると、失ったものに対する悲しみや、明るい将来展望がもてない状況に対する不安やいらだちが襲います。避難所での共同生活が打ち切られると、今度は郊外に建てられた仮設住宅での孤独が待っていました。新築された公営住宅の鉄の扉や慣れないデザインは、居住者の外出行動を妨げました。

あの震災によって、人間の弱さやはかなさが改めて印象づけられたのです。その中から、「安全」もさることながら、「安心」の場所や、「安心」できるコミュニティを再生することの重要性が改めて認識されたのです。

新たな効率性：循環的・持続的社会の形成

現代日本の都市の大きな特徴を1つあげるなら、極めて効率的にそれらができている点が指摘できます。いや、正確にいうと、少なくとも城下町時代の日本の都市は、効率性優先というよりも、外敵の進入を防止するためにわざと道路を曲げたり、川に橋をかけなかったりというように、冗長な構造をもっていました。

日本の近代都市計画の第一歩となった「市区改正事業」、今風にいう「都市計画事業」は、明治末期から大正初期にかけて東京で実施されたのち他都市でも行われたのですが、その主な目的は、こうした封建時代の前近代的な都市構造を、近代風に——つまり効率的に——作り変えることだったのです。

第二次大戦後も、国際競争に生き残るべく、国土全体が生産基地となり、鉄鋼から自動車、電器・電子機器に至るまで、生産を優先する都市づくりがずっと続いてきたのです。

また、消費の面を見ても、自動車は次々に新しいデザインとなり、

消費者はどんどん買い換えていきます。ゴミもたくさん出ます。使い捨てが一般的だからです。環境問題やゴミ問題は、実は私たちの生活そのものから発生しているのです。

今日、これまでのような効率性一辺倒でない、持続的・循環的な都市工学が必要とされています。ここでは、いくつかの側面について考えてみましょう。

①ゴミ問題

岐阜県御嵩町の「産業廃棄物処理場」をめぐる騒動や、ゴミ焼却場から排出される猛毒物質ダイオキシンの問題が埼玉県所沢市などで起こると、こうした問題がわたしたち一人一人の問題であることが痛切に理解できるようになりました。

現在、日本全体で1年間に出る一般廃棄物は約5000万トン、産業廃棄物は約4億トンといわれています。このうち、都市住民が直接かかわる一般廃棄物の埋立処理場は、10年以内に満杯になるといわれてい

表4-10　日本の廃棄物リサイクル

		1988年	1993年	88→93年増加率(%)
人口	(千人)	122,783	124,764	1.6
GNP	(兆円)	365.8	425.2	16.2
ゴミ排出量	(千トン)	48,392	50,304	4.0
ゴミ排出原単位	(kg/人・日)	1.082	1.103	1.9
集団回収量	(千トン)	552	1,920	247.8
行政資源化量	(千トン)	1,405	2,195	56.2
行政リサイクル率	(%)	4.1	8.0	(+3.9)
古紙リサイクル率	(%)	47.9	51.7	(+3.8)
スチール缶リサイクル率	(%)	40.7	61.0	(+20.3)
アルミ缶リサイクル率	(%)	41.7	57.8	(+16.1)
焼却率	(%)	72.7	74.3	(+1.6)
埋立率	(%)	23.0	14.4	(−8.6)
資源化など	(%)	4.2	11.3	(+8.1)
ゴミ処理費用	(円/人・年)	9,400	18,300	94.7
ゴミ処理費用	(円/トン)	24,600	46,300	88.2
産業廃棄物量	(千トン)	312,000*	397,000	27.2**
建設廃棄物量	(千トン)	48,900*	51,500	25.8**

酒井伸一『ゴミと化学物質』(岩波新書)より作成　*1985年　**85→93年

ます。産業廃棄物はもっと深刻で、東京や神奈川などでは都県内処理ができず、都県外への持ち出しが激増しています。御嵩町の事件もそうした背景によるものです。

これらから、ゴミそのものの量を減らすことや、ゴミや廃棄物のリサイクルによって資源を循環的に使うことの重要性が理解できるでしょう。表4-10は、ゴミの排出量と処分方法につき、近年の動向を示したものです。リサイクル率が全体的に高まっていること、埋立によるゴミ処理が減って資源化される割合が高まっていることなどが読みとれます。

②ヒート・アイランド現象

大都市部では、莫大な消費エネルギーのために平均気温が慢性的に上昇するヒート・アイランド現象が起きています。

しかしこれは、単にエネルギー消費だけの問題ではありません。かつてあった水辺は土地を効率的に使うために埋め立てられ、運河は高速道路用地となって、都市に蓄積された熱を冷ます機能が失われているのです。

もちろん、土地利用そのものの問題もあります。東京などでは半径数十キロメートルにわたって都市がつながっていて、わずかに残された田畑や緑地もどんどん減少しているのが現状です。言うまでもありませんが、安全性の面でも極めて脆い構造になっているのです。

無駄を切り詰めて効率性だけを追求するのではなく、ところどころに余裕（あそび）を設ける「冗長（リダンダント）」な都市構造が必要とされているのです。

③ミチゲーション（影響緩和）

都市生活で消費されるエネルギーや資源を得るために、地球規模で

の森林伐採や砂漠化が進んでいます。

　日本国内においても、都市部の消費に応えるために上流部の森林が伐採されたりダムの建設で村が水没し、都市の膨張によって郊外の農地や森林・樹林地が土地利用転換され、国土全体が災害に脆い体質になりつつあります。

　近年、資源を消費・破壊した際のマイナス効果を緩和する「ミチゲーション」という概念の重要性が浮かび上がっています。森林を伐採したらそれに見合う分だけ植林する、というのが最もわかりやすい例ですが、その他にも様々な手法やそれを支える技術が開発されています。回避（avoiding）、最小化（minimizing）、代償（compensating）、修復・再生（repairing, replacing）などの概念に基づく措置です。

〈回避 (avoiding)〉
計画の全部あるいは一部の中止，計画の見直し，路線の変更トンネル化，橋梁化等によって環境の影響を避ける手法。

〈代替 (compensating)〉
保全すべき自然環境がやむを得ず消失する場合に，元々の自然環境と同等のものを他の場所に設ける手法。

〈最小化 (minimizing)〉
保全すべき自然環境のある箇所への影響を，盛土構造から橋梁構造に変更したり，道路による生息域の分断化をオーバーブリッジにより防止すること等により最少にとどめる方法。

〈修復・再生 (repairing, replacing)〉
工事によってダメージを受けた自然環境を，植栽や表土復元等により修復・再生する手法。

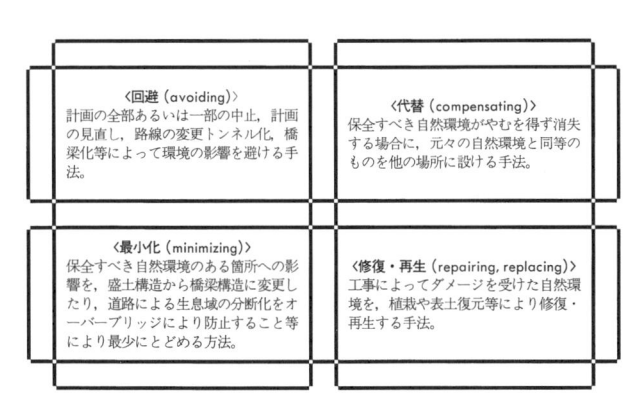

図4-23　ミチゲーションのいろいろ

④「持続可能な開発（sustainable development）」

　こうして考えてみると、どんどん物を作りどんどん消費するような社会、つまり、日本で経験した高度経済成長時代やバブル時代は、特殊な、しかも、あまり望ましくない社会といえそうです。地球という

限られた空間に暮らし、森林に覆われた可住地の狭い国土に住むわたしたちは、そうした制約条件をしっかり踏まえて、それにふさわしい都市工学や生活のスタイルを確立する必要がありそうです。

「持続可能な開発（sustainable development）」という言葉がその手がかりを示しています。これは、1987年に国連ブルントラント委員会が発表した「我ら共有の未来」と題する報告書で唱われたもので、「将来の世代のニーズを満たす能力を損なうことがないような形で、現在の世界のニーズを満足させる」ことと定義されています。

1992年にリオデジャネイロで開催された国連地域開発会議で採択された「アジェンダ21」は、そうした考えを実行に移すための重要な宣言になっています。

新たな快適性：都市のバリアフリー（ユニバーサルデザイン）

郊外の庭付き戸建住宅に緑に囲まれて住むのが平均的日本人のあこがれ、といわれてきました。誰もが快適な生活を送りたいと思っているはずです。けれども実際には、そうした願望が満たされるのは一部の人々にすぎず、また、長い人生の一部であることが多いのです。

誰もが高齢化します。今日、平均寿命は男性78歳、女性84歳といわれ、65歳以上人口割合は2020年には25％を超え、その後もさらに高まっていくと予測されています。

車の運転もままならなくなり、足腰も弱ってくると、エネルギー消費に依存する郊外生活はとてもつらいものになります。バスも来ません。斜面地に開発された団地などでは、斜面の上り下りだけで相当な体力を使います。都心にある文化施設も事実上利用できません。

道路は車のために設計されているので、とても歩きづらいのが現実です。歩道橋は「歩行者のために」1970年代頃から普及した日本独自の工夫ですが、これもまた自動車交通をスムーズにさばくためのもの

図4-24 狭い歩道と歩道橋（横浜国立大学正門近くの風景）

だったのです（図4-24）。

こうした現実を考えると、「快適性」についてももう一度真剣に考え直してみる必要がありそうです。わたしたちが「特に問題ない」と考えていることの多くは「とんでもない」ことだったりするからです。

ここでは、日本での「常識」がいかに疑わしいかについて、一つ一つ考えてみましょう。

①道路は歩行者優先

歩道橋の上り下りが好きな人などいないはずです。歩行者を大切にする気持ちがあれば、道路に工夫を施すことで解決する問題も多いのです。

例えば、歩行者の安全を考えて、道路幅を狭くしたりハンプをつけたりして、自動車の速度を落とすことは可能です。近年、そうした試みが各地でなされています。「交通実験」といって、いろいろな仕掛けを実際に試してみて、まずい部分は改良しながら、最後に最も良い案を採用する取り組み例も増えてきました。（図4-25）

近年、ヨーロッパでは「交通静穏化」がキーワードになっています。もともとヨーロッパの都市では歩行者に優しいまちづくりを行ってきたのですが、近年ではさらに「ゾーン20マイル」のような車の速度制

限を行う地区指定や、ハンプなどのハードの仕掛けによって、交通を人に優しくする総合的な試みが展開されています。

歩道橋なるものは、これまでの余裕のない日本における特殊解でしかなかったのです。このように考え始めると、都市工学すべき対象は驚くほど多いことに気づかされるはずです。

図4-25　様々な交通実験（撮影／久保田尚）

②建物や公共施設にはアクセスしやすく

最近、市役所や図書館といった公共施設で、車イス利用者向けにスロープをつける例が日本でも一般化してきました。鉄道駅の階段にも、脇の手すり部分に機械じかけの昇降機が新たに設置され始めています。もちろん、ボランティアや道行く人の手を借りて上下移動できればそれも良いことですが、本当は、誰もが自分の力で容易に移動できる都市が理想なのではないでしょうか。

日本でも、人の集まる公共施設等にスロープなどをつけてアクセスしやすくすべきことが1994年の「ハートビル法」で規定されました。ただし、これはあくまで建築主の努力義務に任せられていて、罰則もありません。また、主要な建築物についての規定なので、その他の建築物や道路、歩道橋などについては対象外です。

③バリアフリーとユニバーサルデザイン

効率性優先でできた都市は、人にはあまり優しくない都市です。先ほど歩道橋の例をあげましたが、こうした「バリア」は都市の至るところに立ちはだかっています。

「バリアフリー」という言葉が近年よく使われるようになりました。これは、そうした「バリア」をなくすことを意味します。主に建築物内部の話題が多いのですが、「バリアフリー」にすべきなのは都市も同じです。

さらに最近では、より本質に迫る「ユニバーサルデザイン」という言葉がキーワードです。「バリアフリー」では、もともとバリアがあり、それを取り除くという意味が強くなりますが、「ユニバーサルデザイン」は、最初から、誰もが使いやすいデザインをしておくべきとのニュアンスをもつ言葉です。

毎年何十兆円も費やされる土木事業や、建築工事について、最初から「誰にも優しい」デザインをしておけば、日本の市街地環境の質はどんどん向上するはずなのです。

④全米障害者法（ADA：Americans with Disabilities Act）

「ハートビル法」の例が示すように、法律でルールを規定することは重要です。もちろん、皆が優しく、皆が効率性を損なってでもこうした面を重視して社会に参加し、皆がボランティア精神旺盛で車イス利用者に手をさしのべれば法律など不要かもしれません。しかし、そうではないのが現実です。

アメリカでは1990年に「全米障害者法」という画期的な法律が制定されました。アメリカで日本の「ハートビル法」に類似の「建物障害改善法」が制定されたのは1968年のことです。その後、いろいろなステップを経て制定されたのが「全米障害者法」でした。ここでは、障

害をもつあらゆる人に対する差別を除去することを国家の目的として掲げ、雇用、交通機関、公共施設、商業施設における利用上の差別の禁止から、視覚、聴覚障害者に対する通信システムの供与まで、規制の対象はかなり広く設定されています。

もっと余裕をもち、真に快適な都市生活が日本で送れるようになるためにも、私たちは常に、先進的な事例に学ぶ必要がありそうです。

6. より住み良い都市のために

都市工学は空間づくりにかかわる技術であるとともに、政治や政策とも深くかかわっています。そうしたことから、市場（≒効率性）を重視するか政府（≒公平性）を重視するかが議論になることがしばしばあります。少し単純化してその議論に耳を傾けてみましょう。

市場派はいいます。「政府による不必要な規制があるから供給が制限されて地価が上がり、結局国民が困ることになるのだ。典型的なのが容積率規制である。あんなことをするから自由な競争が妨げられている。早く撤廃すべきである」と。

政府派は応酬します。「都市を市場に任せたらとんでもないことになる。競争力のある金持ちにとってはいいが、都市を陰で支える貧乏人は都市に住めなくなり、遠距離通勤しなければならない。深夜労働などで都心近くに住んでいなければ困るのは彼らなのに。また、容積率の規制をはずせば、各地で日照問題などのトラブルが発生し、それらをいちいち解決していたのではコストもかさむ。前もって計画したり規制したりすることが必要なのだ」と。

実際の都市は、この両方の考えがブレンドされて制御されていると

いってよいでしょう。また、都市工学にかかわる実際の政治や政策も、これらの考え方がブレンドされて実行されているといえます。

しかし、これらいずれにも欠ける視点があります。都市は、誰のために、誰によって工学されているのでしょう。また、されるべきなのでしょうか。

市場派の主張には「消費者」は出てきますが、「市民」は出てきません。政府派の主張は「プランナー」や「役人」の主張ではありますが、「市民」はきちんと位置づけられていません。「住民反対運動」として住民（市民）が出てくるかもしれませんが、行政の側では、市民はあまり出しゃばらずに、自分たちに任せておいてほしいと思いがちです。

最終章で、この辺りの都市工学について考えてみましょう。

<演習問題>

- あなたの知っている身近な都市空間を取り上げ、その空間の問題点を整理したうえ、あなた独自の改善方策を提案して下さい。
- さらに、その改善方策は誰によって、どのように実行されることが望ましいかを考えて下さい。その際、本当にそれは実行可能なのか、不可能だとすれば何が原因なのか考えてみましょう。どう考えても実行が不可能な提案は、もしかすると提案自体に無理があるのかもしれません。その場合は、もう一度提案を練り直して、実行可能な提案を考えてみて下さい。

第5章　都市をともに創り出す
―― 市民が創る都市とまち ――

第3章では公共の仕事として都市を方向づける都市工学を、第4章では都市に住まう視点から「良い」都市空間を創るための都市工学を中心に学習してきました。

この章は、いよいよ今後に向けた新たな都市工学を考える章です。ここでは、「公共の」「生活者の」都市工学という見方をさらに進めて、「ともに創る都市工学」という観点から、今後の都市工学のあり方を探ってみようと思います。

都市工学を学ぶあなたも主役の1人です。

1. ともに創る都市工学へ

ともに創る都市工学の時代

今日、都市や社会がますます複雑になるなかで、従来のように「市場」「行政」「市民」の視点を別々に扱うのではなく、主体相互が「協働」し、相互の関係性のなかで「創発」したり新たな価値を生み出すことが重要になっています。

これらに共通するのは、主体相互の協調・補完・連携が求められるとともに、そうした関係のもとでの動的なプロセスが重視されている点です。動的プロセスというのは、単に誰かが計画したら終わり、というのではなく、計画の構想づくり、基本計画づくり、実施段階、管理段階の各プロセスにおいて、多様な主体が相互に影響し合いながらかかわっていく全体の動態を指します。ともに創る都市工学の時代なのです。

時代の転換を示す諸課題

一方、いろいろな実際的課題も指摘されています。いくつか例をあげてみましょう。

日本では高度成長期以降、急速に自動車の保有が進んで、道路は作っても作っても常に不足してきました。渋滞は日常茶飯事です。観光地においても休日になると車があふれ、観光客は駆け足で「名所」を駆けめぐります。たぶん、根本的な発想の転換が必要なのです。近年、交通需要自体を管理すること（TDM：Transportation Demand Management）の重要性が認識されるようになってきました。

別の現象として、タテ割り行政ごとの豪華施設建設や、作られた施

設が有効に利用されていないなどの問題があります。これまでの日本、とりわけバブル時代の日本には金が余っていて、ほしいものはどんどん作ってきました。しかし、もはやそうした時代はやってこないといわれています。コスト意識をもち、利用者の立場に立った経営が求められているのです。行政といえども、民間の発想やヨコの調整が必要な時代なのです。

さらに、制度はあるのに複雑で使いづらい、という中央集権の弊害もあります。都市計画法や建築基準法もそうした構造的問題を抱えています。今後、地方の独自性を出せる制度に改革していく必要があります。この際、人々の価値が多様化していることを踏まえて、画一的なルールをあてはめるような方式ではなく、市民が主体的にかかわりながらルールを形成していくような仕組みにしていくことが必要です。

今後の大きな方向

国から地方への分権が進むなかで、タテ割りの弊害をなくしたり、必要なものをどんどん作るのではなく、コストと便益の評価のうえに優先順位をつけ、場合によっては受益者の負担を求めていくような方向が必要になります。

さらに、行政が独占していた情報を公開していく方向も重要です。情報が与えられた市民の側には、自己責任が発生します。行政任せというわけにはいきません。自ら参画しながら創り出すことが求められているのです。

そこで、都市工学の分野でこうした将来の方向性を端的に物語る事例を、郊外住宅地、既成市街地、都市全体のテーマから1つずつ選びだして学習したうえで、最後に共通する課題を再確認しながら、都市工学の今後を展望してみましょう。

2. 郊外住宅地の居住地管理

　横浜市は今日、東京の特別区を除くと日本最大の巨大都市になっています。高度経済成長期には人口が急増し、郊外に広大な住宅地が形成されました。このなかには民間鉄道会社による多摩田園都市やその他多くの良好住宅地が含まれていて、その環境を保全するために、「建築協定」が数多く結ばれています。

　ここでは、この建築協定を事例に、その締結過程を追うとともに、住民同士がネットワーク化し、コーディネーター派遣制度等の支援事業が充実していく発展過程を見ていきます。こうした流れを追うなかで、居住地の計画・形成から管理まで含むプロセスの全体が都市工学の対象であることを確認します。

建築協定とは

　日本全国どこでも、建物を建てる場合には、建築基準法の適用を受けます。しかし、建築基準法は、建物を建てる場合の最低のルールしか定めていません。例えば、都市部で普通の戸建住宅を建てる場合、その敷地が幅員4m以上の道路に2m以上接していればよいとされるだけです。もちろん、今までに学習したように、地域地区による様々な規制がかかっているのが一般的なので、建蔽率や容積率、用途などに制限があります。けれどもこうした制限も、「このまちはこんな風にしたい」という積極的なイメージをルール化したというよりも、「人に迷惑をかけないように最低限のルールを守りましょう」という消極的な意味で定められているにすぎません。

　建築基準法は、それまで使っていた市街地建築物法を戦後に改革し

て1950年に制定・施行されたものですが、このとき、民主主義の理念をもつ先進的な制度として、建築協定が規定されました(第69〜77条)。

建築協定は、住宅地としての環境や商店街の利便性などを向上させるために、土地の所有者等が、一定区域内の建築物の敷地、位置、構造、用途、形態、意匠または建築設備に関する基準などを「協定」の形で締結するものです。

というのも、建築基準法はあくまで「最低限の基準」を定めるものなので、そのままの形では地域の個性に合った制限を加えることができないからです。建築協定を締結すると、法律の範囲内で制限を加えることができ、アパートを禁止したり、3階建て以上の住宅を禁止して戸建住宅地の環境を保全することなどができるのです。

そして、建築協定の最大の特徴は、協定を締結しようとする場合に、土地所有者等の全員の合意を必要とする点でした。

地元自治体は、建築基準法に基づいてこのような協定が締結できる旨を条例で定めるとともに、協定締結の認可申請があった場合には、協定書の縦覧や公聴会の開催等の手続きを経て、協定を認可することが仕事になります。

カベナントの話

建築協定は戦後日本の建築基準法に新設された制度ですが、そのもとをたどると、アメリカで普及していた「カベナント」という制度が浮かんできます。

これは、不動産所有者間、または開発業者と購入者との間で締結される民事契約で、不動産の使い方に関して一定の行為を制限したり、環境や建物の保全のために一定の料金徴収を行うことを可能にするものです。また、このカベナントを運営するために住宅組合などの名称の民間非営利法人が管理組合として携わっているのが一般的です。

これを大規模な形で進めたのがヒューストン市です。ここでは1万件近いカベナントを全市的に運用しており、市はカベナントの締結を強制するなどの積極的な介入を行い、成果をあげているといわれています。

建築協定の普及

日本ではしかし、全員合意を必要とする建築協定の普及は、すぐには進みませんでした。建築協定は個人の財産である土地・建物に対して厳しい制限を課すので、それが容易には受け入れられなかったのです（図5-1）。

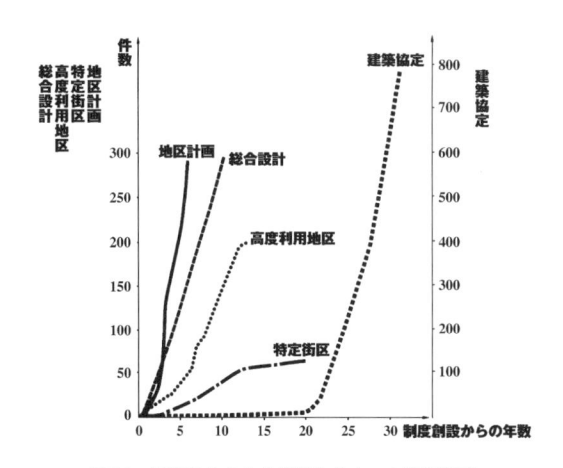

図5-1　当初はなかなか普及しなかった建築協定

こんななか、建築協定締結第1号となったのが、沼津市の中心商業地で結ばれた協定でした（1954年）。続く第2号もやはり商業地で、これは戦後の占領軍による接収が解除された横浜の中心市街地でした。1957年のことです。以後、1962、63、64、67年と各1件ずつ締結され、

1969年以降は次第に締結数も増加していきます。これは1970年代に郊外住宅団地が急速に普及したことと関係がありますが、本格的な普及は、次に説明する「1人協定」制度の新設とかかわっています。

「1人協定」

郊外の住宅団地は、特定の開発事業者が土地の造成を行い、宅地分譲や住宅分譲の形で個別消費者にそれらを販売するのが一般的です。

建築協定は「全員合意」を必要としますが、分譲する前に業者が建築協定を締結しておけばその時点の関係権利者は「1人」ですから手続きは簡単です。なんとなく「そんなのアリ？」という気もしなくはないのですが、当時、こうした要望も根強く、1976年の建築基準法改正によってそうした協定が可能になり、建築協定が広く普及するきっかけになりました。これを「1人（いちにん）協定」と呼んでいます。

協定の「穴抜け」

もう1つ「そんなのアリ？」とも思える現実を紹介しておきましょう。協定の「穴抜け」です。

多人数が制限の厳しい協定内容に合意することは極めて困難です。9割くらいの人が合意しても、最後の最後まで合意しない人がいるのが世の常です。そこで、「穴抜け」といって、協定区域を決める際に、その一部、つまり合意に至らない区画を協定区域からはずすことが一般に行われています（図5-2）。

これによってせっかくの協定が全く無意味になるかというと、そうでもありません。その理由は、第一に、協定に合意していないとはいっても、協定の主旨には賛同していたり、反対はしていなかったりするケースも多いからです。第二に、周囲からの暗黙の「プレッシャー」があるので、そう簡単に勝手なことはできないのが現実です。さらに

第三に、建築計画が実際に提出された段階において、次に説明する建築協定運営委員会の活動などによって、なんとか協定に協力してもらえないかとの働きかけがあるのが一般的だからです。

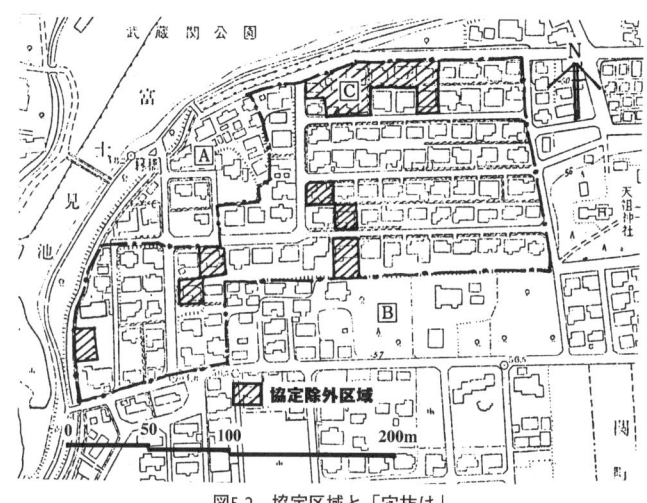

図5-2 協定区域と「穴抜け」

建築協定運営委員会

さて、建築協定は自分たちで合意して締結するというのが建前ですから、締結したルールを守るのはもちろんのこと、守らせるのも自分たちです。そこで、建築協定書のなかで、住民自身が組織する「建築協定運営委員会」を規定して協定の運営にあたるという形式をとるのが一般的です。

しかし、「1人協定」に代表されるように、協定付きの分譲地や分譲住宅を購入して移り住んだ居住者は、必ずしも建築協定の意味や意義を理解しているとは限らず、その存在さえ知らずにいる人もいるのが現実です。しかも、運営委員会の重要な仕事は、協定違反を見つけて

是正させることですから、結構シンドイ仕事なのです。

そうしたことから、調査してみると、運営委員会がなかったり、あっても形だけのものになっている割合が相当数にのぼるのが現実です。横浜市が実施した1984年調査によれば、3割程度の協定地区に運営委員会がないことが明らかになっています。そこで、実際には、市の働きかけや支援によって違反是正等を行っているのが現実です。

協定の更新

さらにやっかいなことに、建築協定ではその有効期限を10年とか15年に定めることが一般的で、協定の期限切れがやってきます。

居住者が協定の理念に賛同していたとしても、10年も経つと家族の事情も変化し、3世代住宅や2世帯住宅に建て替えたいとか、土地を半分にして片方を売却したいなどの様々なニーズが発生します。

ただでさえそうした事態になるのが普通であるうえに、「1人協定」の場合のように、協定に無理解であったり存在さえ知らない人もある現状では、相当な困難を覚悟しなければなりません。

協定の期限が切れた場合の選択肢は、大きく分けて3つあります。

第一は、それまでの建築協定の成果・効果を評価して、おおむねそれまで通りの協定を再締結することです。「1人協定」の場合、自主的に締結された協定に比べてこの割合は低くなりがちですが、それでもかなりの協定はこうした形で更新されていきます。

第二は、協定内容があまりに厳しかったり現実的でなくなっている場合に、協定をやめたり、制限を大幅に緩和することも選択肢としてはありますが、実際にこの道を選択する地区は少数のようです。

第三は、地区計画への切り替えです。詳しくはあとで説明しますが、地区計画は行政の手で都市計画決定され、事後的にも行政が責任をもって運営する制度なので、建築協定の運営が地元に負担になっている

場合などに選択される場合が結構あります。

美しが丘個人住宅会建築協定

ここで、建築協定の初期の事例のうち、制度の理念に沿った形で自主的に協定を締結した事例を紹介しておきましょう。

「美しが丘個人住宅会建築協定」は、日本の「田園都市」を地で行く多摩田園都市の一角で締結されました（図5-3）。

図5-3　美しが丘個人住宅会建築協定地区（撮影／鈴木克彦）

この一帯は1960年代の末期に「第2の田園都市」として計画され、宅地分譲されたところです。宅地購入後2年以内に個人専用住宅を建てるのが分譲時の契約条件だったものの、しばらくするとアパートや飲食店などが建ち始め、道路建設の影響もあって、せっかくの良好な住環境が悪化し始めました。

こんななか、1969年2月に住民大会が開かれ、「美しが丘個人住宅会」が結成されます。会の学習の成果や横浜市建築局の勧めもあって、1972年に、自主的なものとしては全国でも最も古い歴史をもつこの建築協定が締結されたのです。

こうした自主的な活動の成果もあって、1983年と1993年の2度、無事に協定の更新を行い、今日に至っています。とはいえ、1993年の更

新作業の結果、一部の区域が協定区域からはずれるなど、課題も残しています。更新すれば終わり、というのではなく、「穴抜け」区域も含めて、日々の居住地管理をいかに行っていくかが課題になっているのです。

建築協定連絡協議会

こうした苦労は、それぞれの協定地区に共通なものがあります。横浜市では1984年、市内各地の建築協定運営委員会に呼びかけて、「建築協定連絡協議会」を設立しました。

連絡協議会では年に1回の総会を開催し、『建築協定だより』を発行したり、他都市との交流を図るなどの活動を通して、建築協定をめぐる情報交換や普及啓発に効果をあげています（図5-4）。

図5-4　建築協定だより

まちづくりコーディネーター派遣制度

さらに横浜市では、建築協定を締結・更新したり、地区計画などを導入しようとする地区に対して専門家を派遣する「まちづくりコーディネーター派遣制度」を設け、住民活動の支援を行っています。この制度は、1984年にスタートした「まちづくりコンサルタント派遣制度」を、1996年に拡充・名称変更して再出発したものです。

最終的に地域に責任をもって維持管理を行うのはその地域の住民ですが、都市工学の専門的知識や経験をもっていないのが普通です。そこで、この「まちづくりコーディネーター派遣制度」を利用すれば、事前に登録された専門家が3回を限度に派遣され、住民の学習や制度利用に関して力になってもらえるのです。

1996年現在、コーディネーター登録者数は89人にのぼり、1997年度の派遣実績は27地区に延べ60回、1998年度は20地区に延べ34回となっています。

この場合、行政は直接支援を行うのでなく後方に一歩退き、第三者であり専門家でもあるコーディネーターが地元に派遣されてまちづくりの「触媒」になる、という関係になります。

地区計画と建築協定

住宅地の環境を地区レベルで保全するための制度として、もう一つ、地区計画があげられます（第4章3節参照）。

この制度は、建物の高さ、壁面の位置、用途、垣・柵の高さなどをきめ細かく制限したり、地区施設として道路や公園を定めておくことができるもので、1980年に制度化されて以来、急速に普及しています（図5-1参照）。

近年、建築協定から地区計画に移行するケースや、最初から建築協定ではなく地区計画を定めるケースが増加しています。ここでは、両

者の違いと、こうした現象の意味を考えてみます。

建築協定の特徴で重要なのは、それが全員合意により締結される点、10年、15年といった有効期間を設けている点、建物に対する制限である点です。これに対して地区計画の決定手続きは都市計画を定める手続きであるため、関係権利者等の意向は反映されるものの、最終的には行政の責任で決定がなされます。また、こうして決定した都市計画は、変更手続きをとらない限り永久に有効です。さらに、地区計画では建物ばかりでなく道路や公園も規定できるようになっています。

特に重要なのは、私人間でルールをつくる建築協定、行政が決定する地区計画という違いでしょう。もちろん、地区計画もたいへん重要な制度ですが、私人間でルールをつくる建築協定の方が、合意形成の場面や協定締結後の運営において、住民の側により大きなエネルギーが必要となる分、「自分たちのもの」という意味あいが強まります。

こうした事情から、住民側に負担の軽い地区計画への移行がしばしば見られることになります。

内容：建築協定による制限と地区計画による制限

	建築協定	地区計画
用途	一戸建て住宅、医院併用住宅	住宅、兼用住宅、共同住宅、学校、神社、診療所、派出所
階数	2階以下	—
敷地規模	—	165m² 以上かつ戸当たり65m² 以上
高さ	建築物高さ10m以内、軒高さ7m以内	建築物高さ10m以内、斜線
外壁後退	1m以上	1m以上
形態意匠	—	刺激的な色彩、装飾を用いない
垣柵	—	生け垣、フェンス等開放性

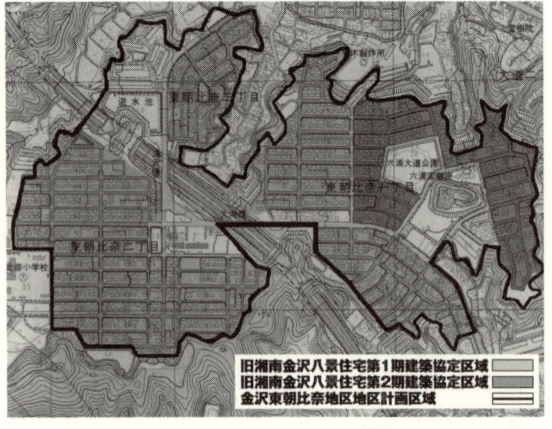

図5-5　東朝比奈地区の地区計画

横浜市金沢区東朝比奈地区は、そうしたもののうちでも規模の大きな事例です（図5-5）。この地区では、1972年（第1期）および1977年（第2期）に締結された建築協定の更新に時間がかかり、一時は更新をあきらめかけたこともあったのですが、住民の努力によって地区計画導入までこぎつけ、1996年11月に地区計画を都市計画として決定するまでに至っています。

法定／非法定ルールの組み合わせ

　住環境には多様な内容を含みます。そこで実際には、建築協定と地区計画両制度の利点を引き出しながらそれらを組み合わせたり、制度化できない側面（例えばペットの飼い方に関するルールなど）を「申し合わせ」として規定するなどの事例も出てきました。例えば、横浜市金沢区の能見台地区では、建物については建築協定で、地区公園などの地区施設については地区計画を使って規定しています。

　また、任意のルールが建築協定に発展した大宮市盆栽町の例や、「憲章」と建築協定とをセットにしている所沢・狭山フラワーヒル（埼玉県）のような例もあります。

　いずれの例も、居住地を保全し、維持管理するために、建築協定に加えて様々な工夫がなされている点が重要です。むしろ、「自分たちの住宅地をこんな風にしたい」という思いがあって、建築協定はあくまで手段の1つとして用いている、といった方がいいかもしれません。

居住地管理への展開

　こうして近年では、居住地が造成・分譲されて入居するまでの場面だけではなく、入居後に増改築や新築、敷地分割等が進んで居住地が変化していく過程をも含めた全プロセスを視野に入れた「まちづくり」が重要になっています。

それぞれの過程では、それぞれの工夫が必要になります。

造成から分譲に至る初期段階では地元自治体や土地所有者、開発事業者が主体となって事業計画やその実施方法を決め、最初のルール設定に取り組みます。入居後しばらくの間は入居者が主役となってコミュニティが醸成され、その後、建築協定更新や新たなルールが必要になった段階では、居住地にできた自治会の存在やまちづくり専門家の支援が重要になります。こうした段階になると、地元自治体は、地域の新たな課題を直接解決するというよりも、まちづくり専門家を派遣したり、地元組織への情報・金銭面での支援を行うなどの間接的なサポート役になることが期待されているのです。

3. 既成市街地の改善型まちづくり

既成市街地に目を転じてみましょう。

日本の既成市街地の多くは道路も狭く、公園や緑地などのオープンスペースも不足しています。家族の成長に合わせて郊外へ引っ越しする世帯が多いため、既成市街地には高齢者が取り残されがちです。阪神・淡路大震災では6000人を超える犠牲者が出ましたが、その多くは倒壊した建物による圧死で、しかも圧死者のかなりの割合が、既成市街地に取り残された高齢者だったのです。

そこで、既成市街地の再整備に取り組んでいる事例を取り上げ、今後のまちづくりを考えてみましょう。

震災で大きな被害を受けた神戸市は、実はそれ以前から、都市工学の先進自治体でした。ここで取り上げる長田区真野地区は、既成市街地のまちづくりを全国にさきがけて実践してきた先進地区です。

初動期の真野地区まちづくり

1970年代最初の国会は「公害国会」と呼ばれるくらい、全国で公害問題が深刻になっていました。神戸の臨海地域にほど近い長田区真野地区では、地区内にケミカルシューズを生産する工場等が住宅と混在し、地区住民は公害に悩まされていました。また、地区内には老朽化した長屋などが密集し、住環境面での問題を抱えていました。

そんな真野地区で1960年代後半に公害反対運動が始まり、この運動はやがてまちづくり運動へと展開していきます。

この運動を専門家として支えたのが地元で活躍するコンサルタントでした。また、地元自治体である神戸市も、こうした熱意に動かされて、真野地区を住民参加によるまちづくりのモデル地区と位置づけ、これまで様々な取り組みを行ってきました。

真野まちづくり構想

1978年に地元住民により結成された「真野地区まちづくり検討会議」では、地区の将来像についての話し合いが繰り返され、1980年7月、その結果が、「真野まちづくり構想——20年後をめざす将来像の提案」に盛り込まれました（図5-6）。

この構想では以下の3つの目標を掲げています。

1) 人口の定着を図り、生き生きとした"まち"をとりもどす
2) 住宅と工場が共存・共栄し、調和のとれた"まち"をつくる
3) 建てづまりをなくし、安全でうるおいのある住環境を実現する

ここで注目されるのが2番目の目標です。従来の「近代都市計画」では、住宅と工場とはできるだけ分離すること、さらにいうと、各用途はできるだけ純化させながら、異なった用途同士はできるだけ分離させることが基本とされていたからです。住宅と工場が混在しているような地区は「問題」であり、「遅れた」地域であるとさえ考えられ

ていたのです。

　次に、2つの原則として、(1)段階的に進めるまちづくり、(2)住民・工場・市などが役割分担して進めるまちづくり、をうたっています。この2つの原則も重要です。従来、ややもすると将来の「青写真」計画ばかりが強調されて、そのプロセスは軽視されるか、あまり考えられていませんでした。また、真野地区のような市街地にも近代的な高層住宅群が将来像として行政側から示され、住民の反発を招くこともしばしば見られたからです。

　さらに、それらの目標や原則を具体化した将来像として、以下のような内容が盛り込まれています(図5-6)。

図5-6　真野まちづくり構想

第一に、地区の南半分を工場を主とする「工場街区」に、北半分を「住宅街区」に区分して、工場と住宅の混在を時間をかけて地区内で分離していく方針が示されました。

　第二に、地区内に不足していた道路への対応策として、地区を十字に横切る主要道路を骨格道路（幅員12mの「大通り」と8mの「公園通り」）として整備すること、また、街区を取り囲む区画道路は4mから6mに拡幅すること、街区内部の迷路や袋小路の一部は避難通路を兼ねた緑道として整備することが示されています。

地区計画とまちづくり条例

　少し脇道にそれますが、神戸市では以前より、住民参加によるまちづくりの推進を検討していました。例えば、区画整理事業を用いた長田区板宿地区では地元に「板宿地区都市計画協議会」が結成され（1972年）、まちづくりの将来構想「板宿の未来像」が提案されました。また、丸山地区では住民運動の蓄積のうえにコミュニティ・センターを建設した実績をもちます。

　折しも1980年の都市計画法および建築基準法の改正によって制度化された地区計画（第4章3節参照）は、それを使おうとする市町村が条例を定めて運用を図ることとされていたので、神戸市ではこれをきっかけとして「神戸市地区計画及びまちづくり協定に関する条例」（略して「神戸市まちづくり条例」）を定めます。ここでは、それまで真野地区で進められてきた住民参加のまちづくりがモデルとされました。

　図5-7に、この条例のフローを示しました。まちづくり活動を行おうとする地元組織を「まちづくり協議会」として市が認定し、まちづくり協議会がその地区の将来計画を策定し市長に提案するという内容です。そのあと市長とまちづくり協議会は、必要があれば「まちづく

り協定」を定めることができ、さらに必要に応じて「地区計画」等を適用するという流れになっています。

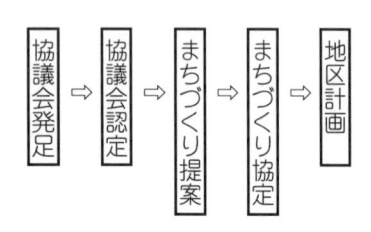

協議会発足 ⇒ 協議会認定 ⇒ まちづくり提案 ⇒ まちづくり協定 ⇒ 地区計画

図5-7 神戸市まちづくり条例のフロー

この条例によって認定されたまちづくり協議会の数は、阪神・淡路大震災が起こるまでに12件に達していました。表5-1は、平成5年8月時点における各地区での取り組みをまとめたものです。

表5-1 まちづくり協議会ごとの計画づくりの進展

地区	協議会名	発足	認定	提案	協定	地区計画
1. 真野地区	真野地区まちづくり推進会	1980.11	1982. 5	1980. 7	1980.10	1982.11
2. 丸山地区	丸山を住みたくなるまちにする会	1980.10	1982. 9			
3. 御菅地区	御菅地区各種団体連絡協議会	1978. 5	1982. 9	1986. 9	1989. 8	
4. 新開地区	新開地周辺地区まちづくり協議会	1984.10	1985. 8	1986. 4		
5. 岡本地区	美しい街岡本協議会	1982. 9	1986.10	1987. 8	1988. 5	1989. 3
6. 東川崎地区	西出・東出・東川崎地区まちづくり協議会	1985. 8	1987.10			
7. 西神戸地区	西の副都心まちづくり協議会	1984. 7	1988. 9			1988. 6 新長田東
8. 北須磨地区	北須磨まちづくり推進会	1988.10	1988.10		1987. 6	
9. 浜山地区	浜山地区まちづくり協議会	1989. 2	1991. 6	1991. 7		
10. 尻池北部地区	尻池北部まちづくり協議会	1989. 1	1993. 2	1993. 4		
11. 深江地区	梁江地区まちづくり協議会	1990. 7	1993. 6	1993. 8		
12. 元町地区	みなと元町タウン協議会	1991. 3				
13. 新在家南地区	新在家まちづくり委員会	1991. 7	1993. 6	1993. 7		
14. 玉津地区	玉津地域まちづくり促進協議会	1992.10				

(1993年8月現在)

まちづくりの停滞

真野地区では、「真野まちづくり構想」策定後、工場の建て替えに合わせて地区内の主要道路の拡幅を図るなど、一定の成果をあげまし

たが、街区内部の密集による住環境の問題を解決するところまで踏み込むことができませんでした。とはいえ、一部の街区において具体的な整備計画が立てられ、それを実行に移そうとしていた矢先に起こったのが1995年1月17日の阪神・淡路大震災だったのです。

震災でも役だったまちづくりの蓄積

震災では、真野地区も大きな被害を受けましたが、激震による甚大な被害を受けた新長田駅周辺などのエリアから少しはずれた場所にあり、倒れずに残された家屋も多数ありました（図5-8）。地区内で発生した火災も、地元住民の「バケツリレー」によって、43戸、約1600m^2を焼失するだけで消し止めたといわれています。

被災直後の活動にも、それまでのまちづくり活動の蓄積が生かされました。

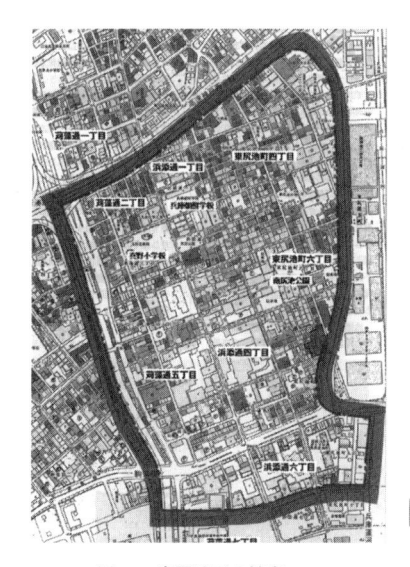

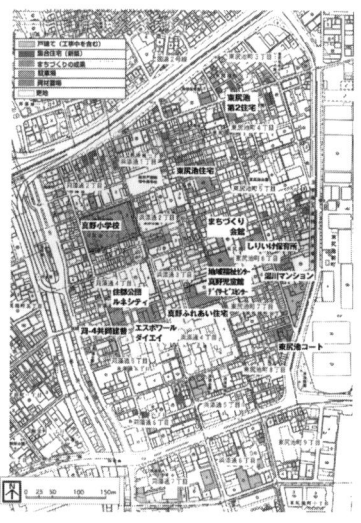

図5-8　真野地区の被害　　　　図5-9　真野地区の復興

第一に、被災直後に災害対策本部を立ち上げ、避難所に逃げ込んだ住民を組織して援助物資の配布などを円滑に行いました。独自の建築安全調査を行ったり、「建物レスキュー隊」を結成して雨漏りのする屋根へのシートかけなどを行ったりもしました。

第二に、それまでに公園として整備したり、まちづくり用地として確保していた土地は、救援活動の場として、応急仮設住宅の建設地として、さらには災害公営住宅の建設用地として活用され、他の被災地で復興が難渋するなか、改めて日常的なハード面での整備が重要なことを示しました（図5-9）。

第三に、その後の復興プロセスでは、共同建て替え事業などのパイオニア的な事業が試みられています。

東尻池コートの共同建て替え

その1つが東尻池コートです。

震災時の火災で焼失した43戸のうち18戸の罹災者が立ち上がり、1人の脱落者もなく、それまで細切れだった土地を集めて共同住宅の建設にこぎつけたものです（図5-10）。ここでも地元で活躍する専門家やボランティアの支援活動が重要な役割を果たしました。

まちづくりは総合的に

日本の既成市街地は、防災上、住環境上の課題を多く抱えています。しかし、ややもすると、緑は緑地課や公園課、道路は道路課、住宅は建築課や住宅課、福祉は福祉課といったように、行政の担当はタテ割りになっていて、せっかく手間ヒマかけて行ったいろいろな施策の連携がとれずに効果が薄れたり無駄になったりしがちです。こうした行政のタテ割りの弊害を克服することが、地方分権時代の都市工学にはとても重要なのです。

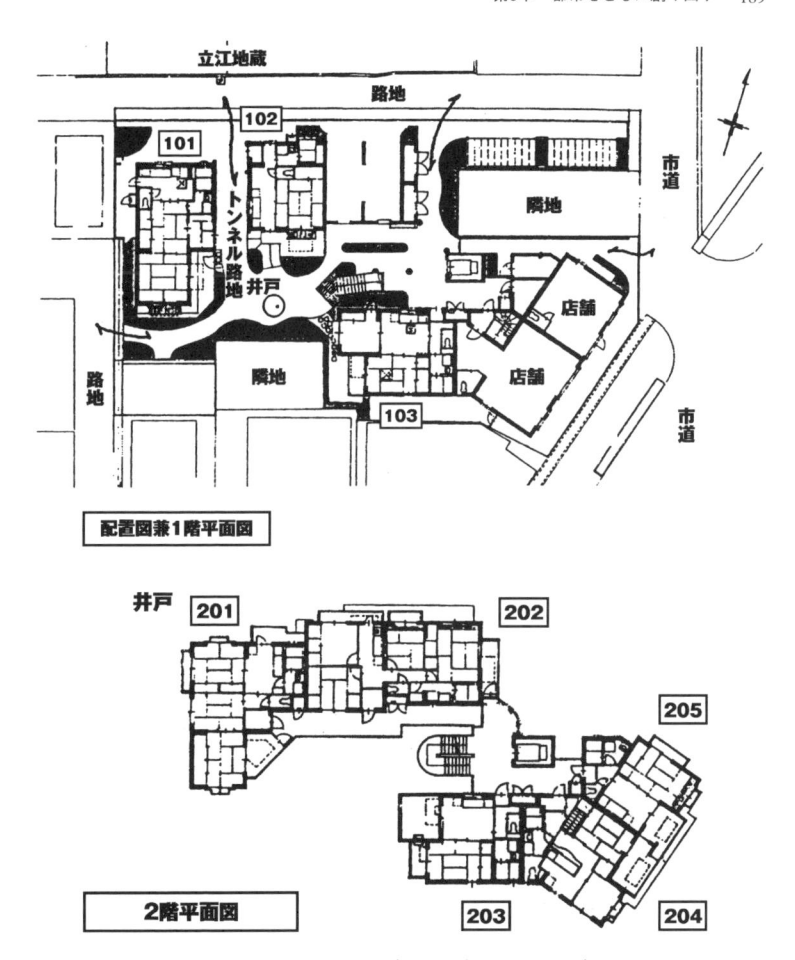

図5-10　東尻池コート（敷地面積730m^2、5階建）

　解決方法としては、第一に、行政内部のヨコの連携によって総合性を確保することが考えられます。例えば、真野地区などのような特定地区を対象とすることによって、少なくともその地区で何かをやるときには相互に調整する方法です。しかし、行政の担当者はその地区だ

けを担当することはできず、人事異動によってどんどん変わっていくという限界があります。

第二は、地元組織の重要性です。真野地区ではこれがしっかりしていて、日常的な活動も活発に行われていました。こうした草の根の基盤があれば、行政施策を地元流に解釈したり繋ぎ合わせることも可能です。

第三に、まちづくりの専門家が一貫してその地区を支援することです。まちづくり専門家は特定の知識をもつ人材であるのと同時に、行政と地元との間に立って相互の調整をする人材でもあります。

しかし、地区の整備には長い時間が必要です。息の長い持続的な都市工学が求められているのです。

これまでの日本の都市は、外へ外へと拡大することが一般的でした。しかし、今後は、一旦できあがった市街地が変容し、多様な課題が出てくることが予想されます。真野地区の事例は、そうした将来を先取りする貴重な事例にもなっているのです。

4. 都市計画マスタープランと市民参加

さて、個別の地域や地区での都市工学の将来の方向については、これまでの2事例を通してある程度見えてきたものと思います。

しかし、都市は、さらにそうした個々の地区が多数集合した場所であるうえ、地区レベルを超える課題、例えば幹線道路の整備や公共交通の整備、都市全体を取り囲むグリーンベルトづくり（例：帯広の森）なども一体的に扱わなければなりません。1992年に都市計画法が改正

されて各市町村に義務づけられた都市計画マスタープランは、そうした都市全体の将来像を考え、まとめていくための重要な計画です。

ここでは、市町村が自らの都市計画を考え始めるきっかけとなった都市計画マスタープランを取り上げ、事例を通してその意味や内容を学習していきましょう。都市全体の計画というと、市民一人一人と縁遠いもののように思われるかもしれません。けれどもそうした思いは、大きな仕事は行政まかせ、という「あきらめ」によるものかもしれません。一人一人は小さな存在でも、多くの市民が積極的に都市工学にかかわることができれば、都市工学がもっと身近なものになるはずです。

新宿区都市整備方針

1992年に都市計画マスタープランが法律で義務づけられる前にも、法律に基づかないマスタープランが各自治体で策定されていました。東京都新宿区でも1988年に「新宿区都市整備方針」を策定し、それ以前の都市計画を一体化する試みがなされていました（図5-11（上））。

しかしこの整備方針は、いくつかの点で限界がありました。

第一に、この整備方針は行政内部の計画でした。策定したことは区民に対しても一応説明していますが、これを知っている区民はほとんどいないのが現実でした。

第二に、行政内部の特定の部門がとりまとめた計画でした。つまり、役所のなかには様々なセクションがありますが、そうした関連セクションともあまり調整されていない、いわば「タテ割り」の一部門の計画でした。

第三に、この計画は役所の担当者というよりも、外部の専門家であるコンサルタントが中心となってとりまとめたものでした。これでは計画がいくら立派でも、意味のある計画とはいえません。

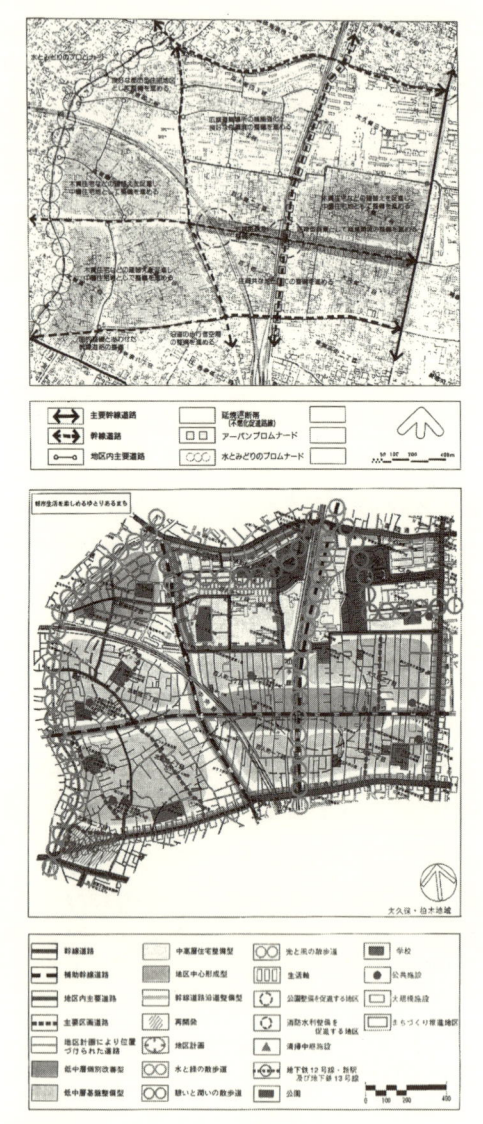

図5-11 新宿区都市整備方針(1988)(上)と新宿区都市マスタープラン(1996)(下)にみる、ある地区の計画内容

第四に、計画内容もごくおおざっぱなものに限られていました。意味のある計画であるためには、少なくともそれが諸施策に対する有効な指針になっていなければなりません。

新宿区の部門別マスタープラン

　都市整備方針の策定以降、各部門の計画が次々に策定されたのも新宿区の特徴です。

　1989年に「みどりの基本計画」および「道路整備方針」、1991年には「景観基本計画」、1993年に「公園再整備方針」と「住宅マスタープラン」が、1994年に「環境管理計画」が策定されています。

　しかしこれらはあくまで「公園」「道路」「景観」「住宅」といったそれぞれの部門の基本方針を示したものなので、「タテ割り」であることには変わりありません。

新宿区都市マスタープラン

　「新宿区都市マスタープラン」は、1988年の「都市整備方針」や、その後に策定された各部門別計画の限界を乗り越えるべく、1994年の暮れに着手され、1996年に成案がまとめられて公表された重要な計画です。では、この都市マスタープランはそれまでの計画とどこが違うのでしょうか。

　第一に、この都市マスタープランは行政内部向けの計画ではなく、様々な市民参加のうえに策定された公の計画です。これは、策定プロセスにいくつもの市民参加の仕掛けを含むことで裏付けられます。

　第二に、行政内部においても、幹事会や委員会での真剣な討議によって、十分な調整がなされた計画でした。また、コンサルタントも計画策定のサポートをしていますが、あくまで行政の担当者が責任をもって起草し、相互に調整した内容になっています。

第三に、計画内容も具体的かつ詳細になっています。図5-11（下）を見て下さい。これは、先の図5-11（上）と同じ地区の整備方針を示したものですが、格段に計画内容が深化していることが見てとれます。

第四に、都市マスタープランの策定プロセスでは、1990年代に入って矢継ぎ早に策定された部門別の諸計画の主要な要素を相互に調整しながら取り込んでいるため、総合的な内容に高まっています。

このように、都市マスタープランはそれまでの任意のマスタープランに比べると、格段に実質的な意味をもつ計画になっているのです。

新宿区都市マスタープランへの市民参加

新宿区では策定委員会を設置して都市マスタープランづくりを行っていますが、このプロセスでより広く市民の意見を取り入れるための工夫をしています。特に先進的というわけではありませんが、その後に続く市町村に対して標準的な方法を示しています。

①シンポジウムの開催

策定委員会の初動期に学識経験委員から提案され、実行されました。市民参加というよりも、区役所の各セクションの担当者が参加したことに意味があったと考えられます。策定初期に行政区域の課題を広く討議することで、一定程度の共通認識を得るのに効果的です。

②素案の公表と説明会の開催

素案の公表とそれをもとにした説明会の開催は、1988年の都市整備方針でも行ったプロセスですが、新宿区の場合、区内を7地域に分け、さらに昼と夜に説明会時間帯を分けるなどの工夫がなされました。「説明会」というと行政が一方的に考えを説明するという語感がありますが、実際には、参加した区民が質問や意見を出し、行政側が応答

するという形で、積極的な意見交換の場にもなっています。

③まちづくりに意欲的な地区への説明会

新宿区では以前より、まちづくりの展開を図るために「まちづくり推進地区」を区内に設定していましたが、都市マスタープラン策定プロセスでは、それらのうち神楽坂地区と中落合・中井地区の2つの「まちづくりの会」から説明を求められ、一般の説明会とは別に説明会を開催しています。

④区役所出張所における素案のパネル展示等

当初行われていませんでしたが、途中で行政担当者が気づいて、各出張所に素案パネルを展示することになりました。

⑤区民の意見を聴く会

最終案を決定する前に、最後に残った問題点についてじっくり討議するため、策定委員会の委員も参加して公開で行われたのが「区民の意見を聴く会」です。これは、「公聴会」という制度上の方式が形骸化しているため、あえて実質的な討議ができるようにと考えられたものです。

地元の意見といっても、様々な立場や考え方があります。この「意見を聴く会」においても、清掃工場をめぐる計画に反対する地元意見に対し、それは必ずしも地元を代表する意見ではないことが会場から指摘される場面もありました。

イギリスでは公開審問といって、最後まで解決できない意見の食い違いについて、「第三者」としての専門家が間に入りじっくり時間をかけて解決していく法定プロセスが整備されています。

⑥住民意見に対する行政の応答を含む「住民参加の記録」の発行

計画策定過程でどのような意見が提出され、行政側がそれらにどう対応したか、都市マスタープランにどのように反映されたか、あるいはされなかったかについては、意見一つ一つについてまとめられ、「住民参加の記録」として公表されました。ここには都市マスタープラン策定プロセスで行われたすべての市民参加の様子がまとめられています。

都市計画マスタープランづくりにおける市民参加の手法

新宿区で実際にとられた方法を紹介しましたが、各地で様々な取り組みがなされています。ここではその他の主要なものを取り上げてみましょう。図5-12はその全体像をあるアンケート調査にもとづいて示したものです。

①計画策定委員会への市民の参加

都市計画マスタープランの策定方法は様々ですが、計画策定委員会等の形で、行政とは独立の組織を設けて策定することがしばしばあります。最も基本的な参加方法としては、この策定委員会に市民代表が入って意見を反映する形です。

この場合、市民代表の選び方がポイントとなります。従来、各種団体の代表として、商工会議所や農業団体、自治会連合会などの代表が参加する方法がとられてきましたが、これでは一般市民の意見が十分に反映されるとはいえません。そこで、各地域ごとの代表や、場合によっては公募によって選ばれた市民代表が参加するなどの方法が各地でとられています。

②アンケート調査

多くの市民の意向を把握するのには向いていますが、アンケート結果を実際どのように解釈し計画に反映するかは行政や策定委員会に任されます。

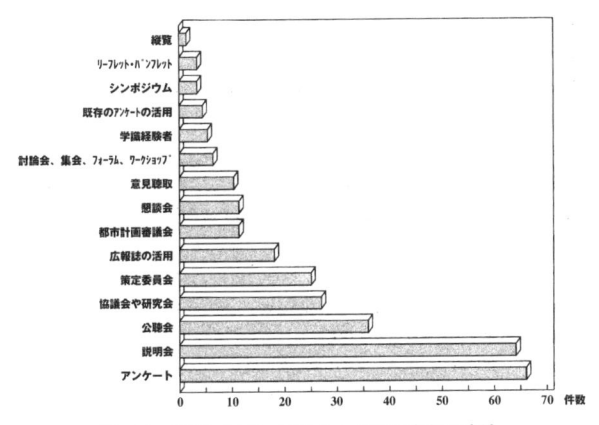

図5-12　都市マスタープランへの住民参加の方法

③ワークショップ

市民の意見をきめ細かく反映させようと、各地で試みられました。この方法は、身近な範囲の計画づくりに住民の意見を反映するのには有効ですが、どのような参加者が集まったか、また、まとめられた意見がどのように都市計画マスタープランに反映されたかなどの点で、課題も残しています。

④学習会（通信によるやりとりも含む）

そもそも一般の住民は都市計画の知識をしっかりもっているわけではありません。そこで、身の回りの環境を学習したうえで意見や提案を出したり、策定途上のマスタープラン素案を学習して意見を提出し

たりといった方法で、市民の意見を反映する試みもなされています。

⑤インターネットの活用

さらに近年の動きに、インターネットの活用があります。神奈川県大和市では、計画策定プロセスをホームページで公表し、インターネットを通じて市民の意見を募集しました。

その結果、多数の意見が提出され、特に、旧来の方法ではなかなか意見表明の機会のなかった若年層などの意見を受けとめるために効果的であることがわかってきています。

ただし、この方法では一方向の情報提供（意見表明）にとどまるため、その意見がどのように扱われたかがわからないなどの課題が残されています。

⑥市民主導のマスタープランづくり

一部の市民グループは、行政だけに計画策定を任せるのではなく、自分たちで市民版のマスタープランを策定する試みを行っています。東京都杉並区や千葉県流山市における活動があげられます。

フィードバックを伴う持続的都市工学

都市計画マスタープランは1998年5月までに343の自治体で策定が完了しています。しかし、これらを活用して実際にどのように都市工学していくかについては、必ずしもきちんと考えられているわけではありません。むしろ、法律で都市計画マスタープランの策定が義務づけられ、住民参加をきちんと行うべきことが建設省の通達で示されたことから、とりあえずはそれを策定することで精いっぱいだったというのが正直なところです。

また、マスタープランは長期的な構想を示すものなので、時間がた

つと前提条件や考慮すべき事項も変化します。変化した内容を常にフィードバックしながら定期的に見直していくことも必要なのです。

5. 成熟社会のまちづくり：これからの条件整備

　都市工学には「公共」のために行う面と、「私」のために行う面の両面があります。それは対立することもしばしばですが、今日ではむしろ、「都市をともに創り出す」時代に入りつつあると認識することが必要です。

　そこでは、「制度」、「専門家」、「市民」がキーワードになるでしょう。まちの資源を再発見し、魅力を伸ばしていくための各主体の役割と今後の課題を整理して、この本のまとめとします。

制度基盤の整備

　この本では、一般の都市工学や都市計画の教科書が説明しているような制度の詳細な説明はできるだけ避けています。それは、細かな制度が「おもしろくない」ことにもよりますが、必ずしも最初から知識として知っておく必要はないと判断したからです。

　そのかわり本書では、具体的な都市工学の課題が発生し、人々がそれに立ち向かった結果として制度ができ、さらに課題の変化とともに制度も改善されていく様子について、できるだけ具体的に取り上げてきました。また逆に、都市計画マスタープランのように、制度ができたことがまちづくりを大いに進めるきっかけになり得ることも示したつもりです。制度は一定の目的のために人間が作ったものであること、また、制度の良し悪しによって、都市の環境や人々の意欲も大きく左

右されることを理解してもらいたかったからです。

　今後、都市の環境を優れたものにし、人々の参加意欲を高めるために重要と考えられるいくつかの制度についてふれておきます。

①地方分権社会に対応した都市計画制度

　都市工学の分野では、都市計画法と建築基準法が基本的な制度となりますが、いずれも大きな課題を抱えています。

　都市計画法は用途地域制度が全国一律のメニューになっていて、地方の個性を生かすためには大きな改革が必要です。

　建築基準法も全国一律の最低限のルールを定めるものなので、将来の目標に向かって街並みを整備できる内容にはなっていません。

　両者とも、地方自治の弱い日本の特性を反映しています。また、突き詰めて考えると、まちづくりの経験に乏しい私たち一人一人の力量の程度を反映したものでもあります。

②情報の公開と共有

　従来の行政は、住民には重要な情報は知らすべからずとの姿勢が強く、情報を独占してきました。

　都市計画マスタープラン策定プロセスで見られたように、近年、情報をやりとりしながら市民が参加して計画を策定することが一般化しつつあります。今後はさらに、行政が何かを決定する際にその理由を説明することや、提出された市民の意見をどう扱ったかをきちんと説明することが必要です。より一般的には、地方レベルの情報公開制度を普及させて、重要な情報の公開を制度的に保障する必要があります。

　また、1995年の阪神・淡路大震災でも明らかになったように、大災害では行政はマヒ状態となり、市民は自力で立ち上がる必要に迫られます。日常的に自分の住む居住地の特性を知ることは、自分のために

も必要なことなのです。過去の自然災害や現在の災害危険に関する情報は従来、「公表すると地価が下がる」などの理由で公開されませんでしたが、近年次第に公開される方向にあります。何事も、きちんとした情報を得ることが出発点なのです。

③まちづくりのルール

　都市計画法では、都市計画として何かを決定したり事業化する場合の手続きを定めていますが、都市工学の範囲は広く、ルールの定められていない領域は広範に及びます。

　近年、「まちづくり条例」などの形で、自治体のまちづくりに関する手続きや支援方策をルール化する試みが広がってきました。3節で紹介した「神戸市まちづくり条例」は初期の重要な事例です。

　地方分権がますます進展していくなかで、さらにこうした試みを広げていく必要があります。

専門家の役割とまちづくり教育

　次に、都市工学を実際に進めていくうえで必要となる専門家の役割について考えてみます。

①プランナー

　日本には「建築士」という資格はありますが、「プランナー」という資格は厳密な意味では存在しません。「技術士」という別の種類の資格があるのですが、この資格をとるためにはかなりの経験が必要です。

　実際には、都市工学にかかわる人は広範に存在します。行政にも、コンサルタントにも、建築事務所にも、民間ディベロッパーにもいます。

今後、都市工学のこうした広範な職能をどう社会的に確かなものにするかは、大きな課題となっています。

　少し話がズレますが、全国に数万人以上いると考えられる地方議員も、地方分権が進むと、地元の都市工学にかかわる機会が増えていくでしょう。公益的見地からまちづくりにかかわり、能力が発揮できるように、専門的知識を身につけたり、経験を積めるような環境の整備が必要です。

②建築家

　日本ではあいまいな「プランナー」に比べて、建築士という職能は古くからあり、建築家と呼ばれる人も確固たる位置を占めています。

　ただし、従来の建築家は、個別敷地の建築設計を個人や公共団体から依頼され、それに応える形で作品をつくるという仕事が中心でした。

　今後、より広く、まちづくりの分野でこうした専門家が活躍するとともに、単に依頼されたものを設計するというのではなく、自らまちのなかに課題を発見・提案して、地域の住民等ともコミュニケーションをとりながら職能を発揮するような形が模索されるべきでしょう。

③まちづくり教育

　あなたの学ぶ学校や大学などでも、まちづくり教育が行われています。大学で都市工学を専門とする先生の多くは、いろいろな形で実際の都市工学にもかかわっています。

　本当は、小学校や中学校で、さらにはもっと小さい頃の絵本のなかで、まちづくりの大切さやおもしろさを学習できるような環境づくりが望まれます。また、学校や大学を出てからも、生涯教育として都市工学を学んだり、企業がまちとかかわったりすることも大切です。

市民の自覚と自律

これまでの日本には、「長いものには巻かれよ」という言葉が示すように、都市工学などは行政や専門家に任せておけばよしとする風潮がありました。

地方分権なども、「上」の人たちが決めているだけで、自分の生活には関係ないと思っている人が多いのではないでしょうか。

しかし、待っていても何もやってきません。もしかすると、何もしないことは、どんどん自分が不利な立場になっていくことを意味するかもしれません。市民一人一人が、都市工学の主役であると自覚することが必要な時代になっているのです。

市民活動支援制度と市民活動支援法

とはいえ、あくまで一般市民は「しろうと」です。都市工学に参加する意志はあっても、知識や資金がないなどの理由で、どうしたらよいかわからないのが一般的でしょう。

そこで、各自治体では様々な市民活動支援制度を用意しています。表5-2は、横浜市のもっている支援制度を調査してまとめたものです。ただし、こうした制度もタテ割りの部門それぞれが作っているため、一般市民がこれらのメニューを知ることは簡単ではありません。

表5-2 横浜市のまちづくり活動支援制度

- ●住宅地まちづくり支援制度（建築局企画指導課）
  - (1) まちづくりコーディネーター派遣事業
  - (2) まちなみデザイン支援事業
  - (3) まちなみ整備支援事業
- ●まちづくり活動支援事業（都市計画局企画調査課）
- ●「女性の目で見たまちづくり」推進事業（市民局女性計画推進室）
- ●横浜まちづくり顕彰事業（都市計画局企画部企画調査課・都市デザイン室）
- ●まちづくり推進団体補助（都市計画局開発部管理課）

1998年には、「特定非営利活動促進法（通称NPO法）」が制定され、市民組織が各都道府県に申請して「認証」されると、自立した法人と

して活動ができるようになりました。それまでは市民がいくら非営利活動を行おうとしても、行政や企業にかわる一人前の主体として扱われなかったのですが、法人になることによって、その活動を発展させる基盤が与えられるのです。

あなたにもできるまちづくり

　あなたの身の回りにも様々な都市工学の動きがあり、場合によってはそこに参加するためのいろいろな機会や支援方策が用意されているはずです。

　専門知識はないよりあった方がいいですが、むしろ実際の都市工学に接しながら学んでいく方がずっと近道かもしれません。

　まずは、あなたの生活、あなたの身の回りを見つめることからスタートしてみて下さい。

―――――――――――＜演習問題＞―――――――――――

● あなたの知っている都市工学の事例を取り上げ、行政、市民、専門家、事業者等がどのようにかかわっているのかを調査してみましょう。また、それによってできあがった都市空間が、あなたにとって本当に良いものかどうか考えてみて下さい。
● もし問題があるとすると、都市をより良くしていくために、どのような取り組みを行うべきかについて考えてみて下さい。

都市工学Q&A

　ここでは、いくつかの質問を想定しそれらに答えます。学習の参考にして下さい。

Q. 「都市工学」と「都市計画」はどう違うのですか？
A. 本書で「都市工学」と表現している内容は、「都市計画」と基本的には同じです。制度上は、むしろ「都市計画」という言葉が一般に使われています。また、都市を計画するという意味では「都市計画」の方が素直な表現かもしれません。本書では、「都市工学」と表現した方が、計画するばかりでなく実現するためのいろいろな工夫や努力が必要だという意味が含まれるものと考え、「都市工学」という言葉を使っています。

Q. 都市工学にはいろいろな法律や制度が関係していますが、法律を守っていれば良い都市ができるのですか？
A. 法律はどちらかというと皆が最低限従わなければならないルールです。ですから、法律を守っていれば良いまちができるわけではありません。しかし、ルールがないと、いちいちその場でルールなどを決めることが必要になりたいへんです。そこで、ある程度のルールを前もって決めておこうということになり法律や制度ができるのです。

Q. 都市工学にかかわっている人はどんな人たちですか？
A. 都市工学・まちづくりにはさまざまな人々がかかわっています。建築家、都市デザイナー、行政プランナー、民間企業の専門家、再開発コーディネーター、弁護士、税理士、ボランティア、地方議員等々です。そのなかで建築家あるいは建築の専門家の果たす役割もさまざ

までです。

Q. 日本の都市計画は欧米先進国の制度の良い所をとって進められたはずなのに、どうして良いまちができないのですか?
A. 他国の制度はその国の文脈の中で歴史的に形成されたものなので、それを別の国に移植した瞬間に上滑りのものになってしまいます。また、導入する側でも、それぞれの都合や限界があって独自に解釈して使うので、母国でもっていたものとは違う作用があらわれるのです。

Q. 都市計画を知るための手がかりを教えて下さい。
A. あなたの住んでいる町の市役所や役場へ行ってみることを薦めます。なかでも、「企画」や「都市計画」という窓口に行ってみるといいでしょう。何を質問していいかわからない場合は、この本を持っていって、「このページに書いてあるような事例はないですか?」などと尋ねてみるといいでしょう。行政資料室や情報コーナーを設けている所もあります。

　また、最近ではインターネットで各都市の仕事を紹介しています。外国の都市のことも容易に知ることができます。

Q. 都市計画を決めるときに、誰からそういった話が出て、それがどのように決定されるのか教えて下さい。例えば、街並みを変えたいとある一市民が思ったとき、どうしたらその気持ちが行政に届くのか、具体的な方法を教えて下さい。
A. 都市計画手続として、各都道府県や市町村で各種「説明会」などが頻繁に開催されています。新聞の折り込みにそうしたチラシもよく入っています。一番いいのは、実際にそうした会場に出かけて見てくることです。

図表出典

第1章

図1-1 Leonardo Benevolo, *Storia della Citta* (Editori Laterza, 1975) , fig.128, 154.
図1-2 *Storia della Citta*, fig.235.
図1-3 *Storia della Citta*, fig.489, Vol.III, fig.835.
図1-4 中嶋和郎『ルネサンス理想都市』(講談社、1996) p.63.
図1-5 尾張屋板・近吾堂坂〈江戸切絵図〉
図1-6 *Storia della Citta*, fig.933, 934.
図1-7 *Storia della Citta*, fig.1152, 1155.
図1-8 *Storia della Citta*, fig.1068.
図1-9 Anthony Sutcliffe, *Towards the Planned City* (Basil Blackwell, 1981) p.16.

第2章

図2-1, 2, 3 Ebenezer Howard, *Garden Cities of To-morrow* (1902).
図2-4 Le Corbusier, *Urbanisme*. (C)FLC/ADAGP, Paris & SPDA, Tokyo, 1999.
図2-10 Kevin Lynch, *The Image of the City* (MIT Press, 1960), fig.36, 39.
図2-11 Kevin Lynch, *Managing the Sense of a Region* (MIT Press, 1976), fig.6.

第3章

図3-1 日笠端・日端康雄『都市計画』[第3版] (共立出版、1993) p.63.
図3-4 石田頼房編『未完の東京計画』(筑摩書房、1992) p.176.
図3-5 『未完の東京計画』p.177.
図3-6 『SD別冊No.11・横浜=都市計画の実践的手法』(鹿島出版会、1978)
図3-7 『新建築学大系19・市街地整備計画』p.383.
図3-8 加藤晃『都市計画概論』[第4版] (共立出版、1997)
図3-9 田村明『都市ヨコハマをつくる』(中公新書、1983) p.65.
図3-10 『都市ヨコハマをつくる』p.75.
図3-11 『みなとみらい21インフォメーション』Vol.50 (横浜市都市計画局、1997) p.9.
図3-12 『みなとみらい21インフォメーション』Vol.50、pp.26-27.
図3-15 小林文彦「商業観光と歴史文化演出による長浜市の中心市街地活性化」『地方都市における中心市街地の再活性化』(日本建築学会、1998)
図3-17 『新建築学大系16・都市計画』p.70.
図3-18 『甦った東京』(東京都建設局区画整理部計画課、1987)
『戦災復興誌』第1巻 (都市計画協会、1959)
図3-19 『新建築学大系19・市街地整備計画』p.125.
図3-21 『松本地区まちづくり提案・その1』(松本地区まちづくり協議会、1995)
図3-22 『造景』No.18 (建築資料研究社、1998) p.48.

図3-23 『京都の都市計画』[1986年版]（京都市計画局）p.34.
図3-24 巽和夫他編『町家型集合住宅』（学芸出版社、1999）p.170, 173.
図3-25 大川直躬編『都市の歴史とまちづくり』p.199.

第4章

図4-7 『都市計画概論』p.132.
図4-8 『新建築学大系19・市街地整備計画』p.41, 44.
図4-9 『都市計画』p.145.
図4-10 Clarence Arthur Perry, *The Neighbourhood Unit*, fig.20.
　　　 『都市住宅』7910（鹿島出版会）p.41.
表4-3 加藤晃・竹内伝史『新版 都市交通と都市計画』（技術書院、1979）p.51.
図4-11 小林克弘『アールデコの摩天楼』（鹿島出版会、1990）p.46.
　　　 芦原義信『街並みの美学』（岩波書店同時代ライブラリー、1990）p.71.
図4-13 *The Neighbourhood Unit*, fig.10.
図4-14 Frederick Giberd, *Town Design* (1959).
図4-19 『都市防災実務ハンドブック・地震防災編』（ぎょうせい、1997）p.23.
表4-7 『とうきょう 住まいの環境 '85』（東京都）p.5.
図4-21 『とうきょう 住まいの環境 '85』pp.6-13.
図4-22 湯川利和「空間と犯罪」『都市計画』207（日本都市計画学会、1997）p.33.

第5章

図5-1 日端康雄『ミクロの都市計画と土地利用』（学芸出版社、1988）p.245.
図5-8 『造景』No.1（1996）p.84.
図5-9 『造景』No.15（1998）p.80.
図5-11 『新宿区都市整備方針』（1988）p.63.
　　　 『新宿区都市マスタープラン』（1996）p.162.
図5-12 『都市マスタープラン策定状況調査報告書』（日本都市企画会議、1994）

索 引

《事項別》

アクセシビリティ 147
アジェンダ21 159
アメニティ 147
アテネ宣言 35
安全性 144
1人（いちにん）協定 174
インターネット 198
インナーシティ 92
駅勢圏 142

街区 130
快適性 147
開発許可 70
カベナント 172
換地 73
近郊地帯 67
近代都市計画 21
近隣住区論 40, 138
グリーンベルト 65, 105, 108
景観条例 100
形態規制 125
建築家 202
建築基準法 67, 102, 171
建築協定 171
建築協定運営委員会 174
減歩（げんぶ） 73
建蔽率 125
公聴会 195
交通静穏化 161
交通実験 161
交通需要管理（TDM） 169
高度地区 102
公平性 164
効率性 164

国勢調査 59
古都保存法 95
コナベーション 39
コンサルタント 183

産業革命 19
300万人の都市 33
市街化区域 68
市街化調整区域 68
市街地建築物法 67
市街地再開発事業 81
市区改正事業 156
持続可能な開発 159
市民活動支援 203
住宅統計調査 146
重要伝統的建造物保存地区 101
首都機能の移転 80
首都圏整備計画 67
城下町 15
情報公開 00
スプロール市街地 63, 130
スラム・クリアランス 42
説明会 194
セミラティス 48
戦災都市 88
戦災復興 89
線引き 67
全米障害者法（ADA） 163
相続税 74

大ロンドン計画 65
多摩田園都市 33
地域危険度 145
地域地区 143
地区計画 143, 179
地方分権 200

中心市街地 81
中心市街地活性化基本計画 86
中心市街地活性化法 85
昼夜間人口比 76
ツリー 48
DID 60, 68
D/H 135
田園都市 27
田園都市協会 31
東京計画1960 35
道路の段階構成 130
道路率 129
都市計画法 67
都市（計画）マスタープラン 190
都市再開発法 81
都市施設 143
土地区画整理事業 72, 78

ナショナル・トラスト 96, 105
日照時間 146
ニュータウン 47, 65, 139

ハートビル法 162
パタン・ランゲージ 49
バリアフリー 163
ヒート・アイランド現象 158
非営利法人（NPO） 106, 203
美観地区 100
風致地区 99
複雑性 53
部門別計画 193
プランナー 201
防火地域 126
防災 90
防災拠点 90
防犯 151
保健性 145
ボンネルフ 133

まちづくり協議会 93, 185
まちづくり条例 185, 201

ミチゲーション 158
密度 117
メッシュデータ 148

ユニバーサルデザイン 163
容積率 123
用途 119
用途混在 121
用途地域 125

ラドバーン方式 133
リサイクル 157
理想都市 15, 27
利便性 146
隣棟間隔 119
歴史的風土特別保存地区 97, 100
歴史的風土保存区域 97, 100

ワークショップ 109, 197

《都市・事例別》

アテネ 11
ウィーン 12, 137
エジンバラ 41, 105
キャンベラ 17
ジャージーシティ 45
ソウル 67
チャンディガール 36, 155
長安 14
ニューヨーク 17, 135
バビロン 9
パリ 11, 19
フィレンツェ 15
ブラジリア 37, 155
ボストン 45
ミレトス 17
レッチワース 31
ローマ 11

ロサンゼルス　45
ロンドン　11, 19, 28
ワシントン　17 155

明日香村　97
斑鳩町　97
大阪市　125, 137
大宮市　181
小田原市　82
帯広市
　帯広の森　108
橿原市　97
鎌倉市　97
京都市　97, 98
神戸市
　板宿（いたやど）地区　185
　阪神・淡路大震災後の復興計画　92, 185
　松本地区　93
　真野地区　182
　丸山地区　185
桜井市　97
札幌市　137
静岡市　60
新宿区　191
杉並区　198
仙台市　137
田辺市
　天神崎ナショナル・トラスト　106
天理市　97
東京
　関東大震災後の土地区画整理事業　87
　江東地区防災拠点　90
　戦災復興土地区画整理事業　89
　田園調布　33, 129
所沢市　157
長浜市
　黒壁　83
流山市　198
名古屋市　89, 137
奈良市　97
沼津市　173

広島市　89
福岡市
　キャナルシティー　80
大和市　198
横浜市
　美しが丘個人住宅会建築協定　174
　建築協定　173
　市街地の拡大　70
　市民の森　109
　人口　59
　関東大震災後の土地区画整理事業　88
　都心部　77
　能見台（のうけんだい）　181
　東朝比奈地区　181
　まちづくり支援制度　204
　緑の7大拠点　110
　みなとみらい21地区　77, 142
　山下公園　88
　歴史的建造物保存　104
　6大事業　77
室蘭市　59

《人名別》

アレグザンダー　47
アンウィン　32
オスマン　19
ゲデス　38, 105
コルビュジェ　33
ジェイコブズ　53
ハワード　27
ペリー　138
ランファン　17
リンチ　43

後藤新平　87
丹下健三　35

著者略歴
高見沢実（たかみざわみのる）
1958年　愛知県生まれ
1981年　東京大学工学部都市工学科卒業
1986年　東京大学大学院工学研究科博士課程修了
1986年　横浜国立大学工学部建設学科助手
1989年　東京大学工学部都市工学科講師
1992年　同助教授
1996年　横浜国立大学工学部建設学科助教授
2008年　横浜国立大学工学研究院教授
2011年　横浜国立大学都市イノベーション研究院教授
現在に至る
著書に『イギリスに学ぶ成熟社会のまちづくり』（学芸出版社，1998）『まちづくりの科学』（共著，鹿島出版会，1999）『分権社会と都市計画』（共著，ぎょうせい，1999）『都市計画の理論』（編著，学芸出版会，2006）『60プロジェクトによむ日本の都市づくり』（日本都市計画学会編，朝倉書店，2011）など

初学者のための都市工学入門

2000年2月10日　第1刷発行
2018年5月25日　第8刷発行

著　者　高見沢実

発行者　坪内文生

発行所　鹿島出版会
104-0028　東京都中央区八重洲2丁目5番14号
TEL 03-6202-5200　振替 00160-2-180883

落丁・乱丁本はお取り替えいたします。
本書の無断複製（コピー）は著作権法上での例外を除き禁じられています。また，代行業者等に依頼してスキャンやデジタル化することは，たとえ個人や家庭内の利用を目的とする場合でも著作権法違反です。

印刷・製本　壮光舎印刷
©Minoru Takamizawa, 2000
ISBN978-4-306-03302-3 C3052　Printed in Japan

本書の内容に関するご意見・ご感想は下記までお寄せ下さい。
URL：http://www.kajima-publishing.co.jp
E-mail：info@kajima-publishing.co.jp